생물다양성은
우리의 생명

생물다양성은 우리의 생명

유네스코한국위원회 기획

최재천 · 신현철 · 박상규 · 조도순 · 권오상 · 조경만 · 노태호 지음

궁리
KungRee

머리말

2010년 유엔이 정한 생물다양성의 해를 기념하여 세계 각국은 '생물다양성은 생명, 생물다양성은 우리의 삶(Biodiversity is life, Biodiversity is our life.)'이라는 표어 아래 생물다양성의 중요성을 알리고 생물다양성을 지키면서 지혜롭게 이용하기 위한 여러 활동을 펼쳤습니다.

생물다양성의 해 표어는 생물다양성과 인간의 관계를 잘 말해줍니다. 인간은 생태계의 일원으로서 생물다양성에 의지해서 살고 있고, 생물다양성은 동물과 식물의 종다양성뿐만 아니라 유전자다양성과 생태계다양성을 모두 포함하는 생명 자체라는 것을 알려줍니다.

먼 과거부터 인류는 동·식물에서 식량과 의복, 건축 자재를 얻어 삶을 이어왔습니다. 생태계가 제공하는 깨끗한 물과 공기는 생명 유지에 꼭 필요합니다. 근래에는 다양한 유전자에서 유용한 의약품 원료를 개발하고 있고, 여러 생태계는 휴식과 관광을 위한 장소로 이용되고 있습니다. 생체모방 등 최근 연구를 보면 인간이 생물다양성에서 받는 혜택이 생각보다 더 많다는 것을 알 수 있습니다. 그런데 최근 과학연구 결과에 따르면 생물다양성이 급속하게 줄고 있습니다.

생물다양성은 자연적으로 줄어들기도 하지만, 최근 인간 활동 때문에 그 감소속도가 빨라지고 있어서 문제입니다. 서식지 파괴, 외래종 침입, 기후변화 등이 바로 그 원인들인데, 모두 인간 활동과 관련된 것입니다. 특히 오늘날 생물다양성은 기후변화와 더불어 가장 중대한 지구촌 환경문제로 등장하였습니다. 따라서 우리는 생물다양성이 무엇인지, 생물다양성은 왜 줄어들고 있는지를 이해하고, 생물다양성을 위해 어떻게 해야 하는지 생각해보고 실천해야겠습니다.

이 책은 유네스코한국위원회가 교육과학기술부와 한국과학창의재단의 지원을 받아 2010년 한 해 동안 펼친 생물다양성의 해 기념사업의 일부로 기획되었습니다. 생물다양성의 뜻과 중요성, 인간에게 주는 혜택, 생물다양성 보전과 지속가능한 이용 등에 관해 체계적인 지식을 제공하되 이해하기 쉽게 설명해준 책이 국내에 없어, 일반 독자를 위한 생물다양성 교양서를 펴내기로 하였습니다. 평소 유네스코의 생물다양성 보전 활동에 활발하게 참여하신 최재천 교수님, 조도순 교수님, 현진오 박사님이 이런 취지에 공감하고 기획위원으로서 책의 주제와 필자를 선정하는 데 애써주셨고, 직접 좋은 글을 주셨습니다. 또한 권오상 교수님을 비롯한 다섯 명의 전문가가 필자로 참여하셨는데, 기획부터 애써주신 모든 분께 감사합니다.

이 책은 생물다양성에 관해 꼭 알아야 할 중요한 지식과 정보를 청

소년의 눈높이에 맞춰 알려줍니다. 부디 많은 학생과 일반인이 보고 생물다양성에 대한 관심과 이해를 높여 생물다양성을 지키고 지속가능한 방식으로 이용하는 노력에 동참하게 되기를 바랍니다.

  이런 취지에 맞는 좋은 책을 내기 위해 꼼꼼하게 여러모로 애써주신 궁리출판 이갑수 대표님과 김현숙 편집주간을 비롯한 여러분께도 고마움을 표합니다.

유네스코한국위원회

사무총장 전택수

차례

머리말 · 4

최재천 생물다양성이란 무엇인가? · 8

신현철 생물다양성의 역사와 현황 · 34

박상규 생물다양성은 우리 삶에 어떤 혜택을 줄까? · 66

조도순 생물다양성에 대한 위협 · 90

권오상 생물다양성과 경제 · 106

조경만 생물다양성과 문화다양성의 세계 · 138

노태호 생물다양성 보전을 위한 대책과 노력 · 164

부록 보호지역-생물다양성 보전을 위한 곳 · 212

생물다양성이란 무엇인가?[1]

최재천 (이화여자대학교 에코과학부 석좌교수)

서울대학교 동물학과를 졸업하고, 펜실베이니아주립대학에서 생태학 석사학위, 하버드대학교에서 생물학 박사학위를 받았다. 현재 이화여자대학교 에코과학부 석좌교수로 있다. 지은 책으로 『생명이 있는 것은 다 아름답다』, 『여성시대에는 남자도 화장을 한다』, 『개미 제국의 발견』, 『최재천의 인간과 동물』, 『대담』 등이 있으며, 옮긴 책으로는 『통섭』, 『인간은 왜 늙는가』 등이 있다.

미국 캘리포니아주립대학의 우주물리학자들이 최근 지구 외에 생명체가 살고 있을 만한 가장 훌륭한 행성으로 '글리즈 581(Gliese 581)'을 발견했다고 발표했다. 지구로부터 약 20광년쯤 떨어져 있는 이 행성은 무게는 지구의 서너 배 정도이며 울퉁불퉁한 암석들로 뒤덮여 있고 중력도 지구와 얼추 비슷하여 만일 우리가 그곳에 갈 수 있다면 별 어려움 없이 직립하여 걸을 수 있을 것이란다. 공전주기는 지구보다 훨씬 짧아 고작 37일이며 달처럼 자전을 하지 않아 한 면은 언제나 밝고 다른 면은 어둡다고 한다. 연구진은 11년에 걸친 면밀한 관찰 끝에 이

---

1 ──── 이 글은 다음에 열거한 나의 글에서 상당 부분을 발췌한 다음 그를 보완하여 쓴 것임을 밝혀둔다. 〈보존생물학〉. 과학사상 23: 256~267 (1997); 〈생물다양성은 왜 중요한가?〉 생태 1: 44~45; 〈생물다양성의 의미〉. 네이버캐스트 오늘의 과학 (2010년 9월; http://navercast.naver.com/science/ biology/3537).

행성을 발견하는 행운을 거머쥐었지만, 실제로 전세계 천문학자들이 관찰하고 있는 행성 모두를 합쳐본들 우주 전체의 극히 일부인 걸 감안하면 궁극적으로 액체 상태의 물이 존재하는 "살아 있는 행성"은 전체의 10~20%에 이를 것이라고 예측한다.

1995년 우리나라 어느 일간지에서 그 신문의 사진기자가 경기도 가평에서 찍은 '미확인 비행물체(UFO)'의 사진에 대해 나의 의견을 물어온 적이 있다. 나는 아직 확실한 과학적 근거가 없기 때문에 미확인 비행물체에 대해 뭐라 할 말이 없다고 대답했다. 이튿날 아침 신문에는 사진과 함께 고 조경철 박사님의 긴 설명이 실렸고, 그 아래 한 줄로 다음과 같이 적혀 있었다. "생물학자 최재천 교수, 전혀 관심 없다."

내가 외계 생명에 대해 전혀 관심이 없는 것은 결코 아니다. 다만 과학적인 대답을 할 수 없어 말을 아낄 따름이다. 하지만 하도 자주 이런 질문을 받는지라 얼마 전부터 나름대로 사뭇 비겁한 결론이지만 하나 갖고 있다. 무려 1천억 개도 넘는 은하계가 존재하는 저 광활한 우주에 오로지 지구에만 생명이 존재한다고 우기는 것은 확률적으로 무리가 있어 보인다. 그래서 나는 우주 어딘가에 생명이 존재하리라 믿기로 했다. 그러나 그 생명이 반드시 DNA의 복제를 기반으로 하는 지구의 생명과 동일하리라고 믿는 것 역시 확률상 거의 불가능하다고 생각한다. 우리와는 전혀 다른 생명체계를 지닌 존재들이 우주 어딘가에 존재할 것이다. 그리고 그들도 우리를 찾고 있을지도 모른다. 다만 그들이 우주선을 타고 뻔질나게 우리 곁을 다녀간다고 믿기에는 아직 이렇다 할 증거가 없다.

이렇게 얘기해놓고 나는 오히려 내가 다른 행성에서 온 생물학자들을 만난 적이 있다고 주장할 참이다. 물론 내 상상의 세계에서 일어나는 일이다. 은하수 저편에 있는 머나먼 행성에 사는 그들은 우리보다 훨씬 빠른 우주선을 개발했지만 그래도 워낙 먼 거리일 뿐 아니라 다른 행성들도 방문해야 하는 관계로 그저 100년에 한 번꼴로 지구를 찾는다. 새로운 밀레니엄이 시작되어 흥청거리던 2000년 봄 어느 날 오랜만에 지구를 찾은 그들을 만났다. 1899년 여름이 끝나던 무렵 지구를 방문한 지 100년이 훌쩍 지난 시간이었다. 그 행성의 생물학자들은 모두 지난 100년간에 벌어진 지구생태계의 변화에 놀라움을 금치 못했다. 예전에 그들이 지구를 찾을 때에 지구는 언제나 그들이 학교에서 배운 것처럼 아름다운 녹색 행성이었다. 2000년 봄 그들의 우주선이 지구에 다가설 때 그들은 그들의 눈을 의심하지 않을 수 없었다고 한다. 그렇게 아름답던 녹색 행성이 너무도 많은 곳에서 녹색을 잃어가고 있었기 때문이다. 2000년 그들의 지구생태계 탐사보고서는 이 엄청난 변화가 거의 모두 뒤늦게 등장한 지구의 한 포유동물 호모 사피엔스에 의해 벌어진 것에 대한 놀라움을 상세하게 적고 있다.

 1899년이라고 해서 환경파괴가 없었던 것은 아니다. 이미 자동차가 만들어져 매연을 뿜어내기 시작했고 고층건물의 도시들이 만들어지기 시작했다. 그 해 우리나라에는 최초의 철도인 경인선이 완공되어 검은 연기를 뿜어대는 열차가 노량진과 인천 사이를 달리기 시작했다. 당시 대한제국 정부는 러시아에게 울릉도 삼림의 벌채권을 허용했는데 수백 명의 일본인들이 몰래 잠입하여 불법으로 벌채를 하는 바람에 3국간에 국제분쟁이 일어나기도 했다. 그렇게 시작한 20세기가 끝날 무렵에 이르러서는 지구생태계를 우리 자신의 생존마저 위협할 수 있는 수준으로 망쳐놓았다. 그들이 2100년경 우리 지구를 다시 찾을 때에는 얼마나 많은 생명이 사라졌을지 상상하기도 끔찍하다. 이제 환경문제는 더 이상 내일로 미룰 수 있는 상황이 아니다.

1998년 미국 뉴욕자연사박물관은 여론조사기관 해리스에 의뢰하여 저명한 과학자 400명을 대상으로 설문조사를 실시했다. 우리 인류를 위협하고 있는 문제가 무엇인가를 묻는 설문에 그들이 가장 심각하다고 지적한 문제는 바로 생물다양성의 감소 및 고갈이었다. 설문에 참여한 과학자들이 모두 생물학자였던 것은 물론 아니다. 다양한 과학 분야에 종사하는 그들이었지만 생물다양성을 둘러싼 우리의 상황이 가장 심각하다고 느낀 것이었다.

21세기로 접어들며 기후변화의 문제가 사람들의 입에 오르내리기 시작하더니 이제 대부분의 나라에서 가장 중요한 사회 문제로 자리매김했다. 기후변화의 심각성을 일반 대중에게 알리는 일은 그리 어렵지 않았다. 지구온난화가 크게 보아 지구 진화 역사의 일환이라고 주장하는 일부 과학자들의 비판에도 불구하고 최근의 기온변화가 일반인들이 일상생활에서 매일 피부로 느끼기에 충분했기 때문에 빠른 속도로 사회적 이슈가 될 수 있었다.

기후변화는 분명히 심각한 문제이다. 그러나 기온의 상승은 그 자체로는 우리 인류에게 해결 불가능한 문제가 아닐지도 모른다. 온도를 강제로 낮추거나 아니면 그 온도에 맞춰 주로 실내에서 생활하는 극단적인 방법도 가능할지 모른다. 더 심각한 문제는 기후변화로 인하여 벌어질 수 있는 엄청난 생물다양성의 감소이다. 하지만 북극지방의 빙하가 녹으면서 얼음섬 사이의 간격이 벌어져 북극곰들이 익사하고 있다는 뉴스를 들을 때는 걱정하게 되지만 당장 매순간 우리 눈 앞에서 벌어지는 일이 아니기 때문에 생물다양성의 문제는 기후변화의 문제만큼 절실하게 다가오지 않는다. 그래서 국제연합(UN)은 2010년을 '생물다양성의 해(The International Year of Biodiversity)'로 정하고 세계 각국에서 다양한 행사를 벌이며 다시금 경각심을 고취하려 노력하고 있다.

생물다양성의 정의, 개념, 그리고 현황

생물다양성은 원래 '자연의 다양성(natural diversity)' 또는 '생물학적 다양성(biological diversity)'으로 쓰이다가 하버드대학의 생물학자 윌슨(Edward O. Wilson, 1988)이 둘 중 후자를 축약하여 책의 제목으로 쓰면서 널리 퍼진 용어이다. 'Biodiversity'라는 용어는 생물학계는 말할 나위도 없거니와 이제는 정치, 경제, 사회 전반에 걸쳐 거의 일상 용어가 되었다. 그러면서 'biodiversity'는 원래의 'biological diversity'의 개념 범주를 넘어 엄청나게 다양한 의미로 쓰이게 되었다. 어떤 의미에서는 아리스토텔레스의 연구로부터 이어지는 개념을 새로운 용어로 재포장하여 다시금 사람들의 마음을 사로잡을 수 있게 된 것이다. 어찌 됐건 이제 '생물다양성(biodiversity)'이란 용어는 '생명(life)', '야생(wilderness)', 또는 '보전(conservation)'의 동의어로 쓰이거나 종종 이 모든 걸 포괄하는 만능어로 쓰이기도 한다.

1987년 미국기술평가국(OTA, U. S. Office of Technological Assessment)이 의회에 제출한 보고서에 의하면 생물다양성이란 "생물체들간의 다양성과 변이 및 그들이 살고 있는 모든 생태적 복합체들"을 통틀어 일컫는다. 1989년 세계자연보호재단(Worldwide Fund for Nature)은 "생물다양성이란 수백만여 종의 동식물, 미생물, 그들이 담고 있는 유전자, 그리고 그들의 환경을 구성하는 복잡하고 다양한 생태계 등 지구상에 살아 있는 모든 생명의 풍요로움이다"라고 정의했다. 다른 정의들도 대체로 이와 비슷한 것으로 보아 생물다양성이란 일반적으로 지구상에 존재하는 생명 전체(Life on Earth)를 의미한다고 보면 될 것이다.

생물다양성은 대체로 유전자다양성(genetic diversity), 종다양성(species diversity), 생태계다양성(ecosystem diversity) 등의 세 수준으로 나뉜다. 여기에 최근에는 분자다양성(molecular diversity)도 종종 포함되어 논의되기도 한다. 우리 인류가 경작하고 있는 농작물은 모두 야생식물이었던 조상종의 유전자다양성 중 우리에게 유리한 유전적 변이만을 인위적으로 선택하여 개발한 품종들이다. 따라서 야생식물이 지니고 있는 유전적 변이 중 경작식물에는 더 이상 존재하지 않는 유전자들이 있게 마련이다. 수확량을 높이려는 목적만으로 야생식물의 서식지를 경작지로 개조하는 것은 생물다양성 보전의 차원에서 볼 때 매우 위험한 일이다. 유전적으로 단순한 집단은 그만큼 진화적 적응력이 약화되어 장기적인 환경변화와 늘 새롭게 바뀌며 공격해오는 병원균에 적절히 대응할 수 없기 때문이다.

종(Species)은 가장 일반적으로 받아들여지고 있는 생물다양성의 단위이다. 종다양성은 특정한 환경에 대한 생물종들의 진화적 또는 생태적 적응의 범위를 의미한다. 열대우림을 보전하려는 이유는 그곳에 특별히 많은 종들이 집결되어 있기 때문이며, 그들 중 상당수는 식량이나 목재로 사용되며 의약품의 재료를 제공하기도 한다. 생태계는 특정한 지역에 살고 있는 모든 생물종들의 집합인 군집(community)과 그들을 에워싸고 있는 모든 물리적 환경요인들을 포함한다. 온도, 습도, 강수량, 풍속 등 온갖 물리적 환경요인들은 생물군집의 구조와 특성을 결정짓고 생물군집의 특성 역시 물리적인 환경에 영향을 미친다. 구조적으로 보다 다양한 생태계가 그렇지 못한 생태계보다 더 큰 종다양성과 유전자다양성을 유지할 수 있다. 경작지로만 이루어진 생태계가 경작지와 목초지, 그리고 산림지역으로 구성된 생태계에 비해 상대적으로 적은 수의 종을 가지고 있으며, 그에 따라 유전적으로 훨씬 단순한 구조를 지니고 있음은 잘 알려진 사실이다.

생물다양성을 지구상에 존재하는 생명 전체로 정의하고 그를 유전자(분자 포함), 종, 생태계의 세 요소로 나누는 방식은 언뜻 보기에는 무난해 보이나, 좀더 분석해보면 개념이나 실제 적용에 있어서 많은 문제점을 안고 있다. 유전자는 그 실체가 비교적 명확한 단위이지만 종과 생태계는 그 개념 자체부터 모호한 요소를 지니고 있다. 따라서 생물다양성을 통상적으로 유전자, 종, 생태계의 세 수준으로 나누는 방법은 그리 실질적이지 못한 듯싶다. 생물다양성은 사실 자연계를 이루고 있는 계층구조의 어느 수준에서도 그 요소들을 찾을 수 있다. 보전하고자 하는 단위에 따라 융통성 있는 방법을 찾는 것이 보다 합리적인 길이다. 시간과 재원이 한정되어 있는 상황에서 우리 인류에게 가장 중요한 생물자원이 무엇인가를 결정해야 하고, 그에 따라 유동적으로 생물다양성의 어느 요소들과 그들간의 유기적인 구조를 보전할 것인가를 분석해야 한다.

지구생태계의 생물다양성 규모는 과연 어느 정도인가? 1753년 린네(Carolus Linnaeus)가 생물종에 이름을 붙이는 이명법(binomial system of nomenclature), 즉 속(genus, 屬)과 종(species)의 이름을 함께 쓰는 방법을 고안한 이래 지금까지 약 150만여 종의 생물들이 기재되었다. 그중 약 75만 종이 곤충이고 식물이 25만 종, 척추동물이 5만 7천여 종에 달한다. 그러나 현화식물과 척추동물을 제외한 대부분의 생물들은 아직도 엄청나게 많은 종들이 명명되지 못한 채 남아 있다. 특별히 기재가 부족한 생물들로는 착생식물(epiphytes), 지의류, 곰팡이류, 진드기류, 원생동물들과 산림 수관부에 서식하는 작은 생물들을 들 수 있다. 그밖에도 산호초, 심해, 열대삼림이나 사바나 초원의 토양 속의 생물계 등이 특별히 빈약하게 탐사된 생태계들이다. 종다양성의 관점에서 현재 지구의 생물다양성에 대한 측정치는 학자에 따라 200만 종에서 1억 종에 이르기까지 엄청나게 다양하다. 매년 5천~1만 종의 신종이 새롭게 발견되고 있고, 얼마나 빠른 속도로 생물의 서식지들이 사라지는가에 따라 결과가 달라지겠지만 대부분의 학자들은 1,300만 ~1,400만 종 사이가 될 것으로 추정하고 있다. 생물다양성협약 (Convention on Biological Diversity)의 정보에 따르면 분류군에 따른 종다양성 예측치는 다음과 같다.

    곤충(insects)   1천만~3천만 종
    박테리아(bacteria)   500만~1천만 종
    균류(fungi)   150만 종
    진드기(mites)   ~100만 종

그러나 현재에는 지구 생물다양성의 대부분이 곤충을 비롯한 절지동물로 알려져 있지만 Global Ocean Sampling Expedition 등의 연구로 드러나고 있는 미생물 다양성의 규모에 따라 지구 생물다양성에 대한 예측도 크게 달라질 수 있다.

  우리나라는 국토 면적에 비해 생물다양성이 비교적 풍부한 편이다. 개미를 예로 들면, 내가 『개미제국의 발견』에서 밝힌 대로 우리나라에는 적어도 120종의 개미가 서식하고 있다. 영국이나 핀란드가 각각 40종 정도밖에 갖고 있지 않은 것에 비하면 그들의 세 배나 되는 상당한 생물다양성이다. 국내 분류학자들은 대체로 우리나라에 서식하는 생물종이 약 10만 종 정도가 될 것으로 예측한다. 2008년 국립생물자원관이 출간한 생물자원 통계자료집에 의하면 분류군에 따른 우리나라 생물다양성은 다음과 같다.

무척추동물	19,270종
척삭동물	1,898종
원생생물	4,658종
식물	4,130종
균류/지의류	2,078종
박테리아	1,219종

무척추동물의 대부분을 차지하는 동물은 역시 곤충으로 12,982종이 보고되어 있다. 척삭동물 중에는 어류가 1,129종으로 가장 많고, 조류가 496종, 포유류가 122종으로 그 뒤를 따르지만, 양서류와 파충류는 불과 52종밖에 없다.

생물다양성 감소의 원인

생물다양성의 감소를 일으키는 주요 원인으로『문명의 붕괴』의 저자 다이아몬드(Jared Diamond)는 '악마의 사중주(Evil Quartet)', 즉 서식지 파괴(habitat destruction), 남획(overkill), 도입종(introduced species) 및 2차적 영향들(secondary extensions)을 들고, 윌슨은 서식지 파괴(Habitat destruction), 외래종(Invasive species), 오염(Pollution), 인구 증가(human overPopulation), 남획(Overharvesting)의 영문 첫 글자들을 엮어 'HIPPO'라는 인상적인 두문자어를 만들었

다. 다이아몬드와 윌슨이 지적하는 원인들은 대체로 흡사한 편이지만, 결국 가장 궁극적인 문제를 꼽으라면 단연 20세기와 21세기에 걸쳐 일어나고 있는 인구의 폭발적인 증가이다. 모든 다른 문제들의 궁극적 원인을 찾아 올라가면 거기에는 인간 집단의 증가와 그로 인한 생태 환경의 파괴가 자리잡고 있다.

창세기 1장 28절에 따르면 하나님께서 우리 인간을 만드신 후, "생육하고 번성하여 땅에 충만하라, 땅을 정복하라, 바다의 고기와 공중의 새와 땅에 움직이는 모든 생물을 다스리라" 하셨다고 전한다. 우리 인간에게 인간을 제외한 모든 자연에 대한 소유권은 물론 그것을 정복하고 관리할 자격을 부여한 것이다. 또한 창세기 9장에 이르면 방주를 만들어 대홍수로부터 살아남은 노아와 그 아들들에게 하나님께서 복을 주시며 이르시되 "생육하고 번성하여 땅에 충만하라. 땅의 모든 짐승과 공중의 모든 새와 땅에 기는 모든 것과 바다의 모든 고기가 너희를 두려워하며 너희를 무서워하리니 이들은 너희 손에 붙이웠음이라" 하셨다. 하나님이 이르신 대로 우리 인간은 농업의 개발과 산업혁명으로부터 시작된 기계문명의 발달에 힘입어 성공적으로 생육하고 번성하여 급기야는 실로 땅에 충만하기에 이르렀다. 이 같은 기독교의 가르침이 오늘날 우리 인류가 겪고 있는 이 엄청난 환경 위기에 얼마만한 원인 제공을 한 것인지는 역사학자들의 분석이 엇갈리지만, 인간을 자연의 한 부분으로 생각하고 자연과 조화를 이루며 살도록 가르친 대부분의 동양 사상과는 차이가 있어 보인다.

하지만 독일의 휘터만 부자가 저술한 『성서 속의 생태학』에 따르면 기독교의 누명은 나름 억울한 면이 있어 보인다. 구약에 기록되어 있는 고대 유대인들은 지금 기준으로 봐도 지속가능성이 대단히 높은 삶을 살았다. 나무가 자라 열매를 맺기 시작할 때부터 첫 3년 동안에는 열매를 수확하지 않고 그대로 썩게 만들어 토양을 기름지게 하고(레위기 19장 23~25절) 일주일에 하루씩 안식일을 가지듯 7년마다 한 해씩 수확 안식년을 가졌다(레위기 25장 8~13절). 물 속에 사는 동물 중 "지느러미와 비늘이 없는 것을 먹어서는 안 된다"(레위기 11장 9~11절)는 계율은 모기를 비롯하여 온갖 해충을 잡아먹는 개구리를 보호하는 생태학적 지혜를 담고 있다. 아울러 고대 유대인들은 개인의 토지 소유를 49년으로 제한했다. 당시 유대인들의 평균수명이 50년 남짓이었음을 감안하면 이는 토지 세습을 막아 토지의 사유화로 인한 환경파괴를 원천적으로 봉쇄하려는 정책이었다.

이 세상에 유대인만큼 까다로운 음식 계명을 갖고 있는 민족도 별로 없을 것이다. 좁고 척박한 땅에서 먹지 말라는 것투성이인 율법을 지키면서도 수백 년 동안 살아남을 수 있었던 것은 생물다양성을 보호하며 지속가능한 삶을 유지한 그들의 생활철학 덕이었다. 하나님께서 우리에게 주신 지구의 주인 내지는 환경파수꾼의 역할을 우리 인류가 잘 해내지 못한 것은 말할 나위도 없다. 실제로 현재 우리가 겪고 있는 이 심각한 생물다양성 감소 및 전반적인 환경 파괴의 문제가 궁극적으로는 지나치게 성공적인 인간 집단의 성장에 기인한다. 다시금 고대 유대인들의 생태철학이 아쉽다.

| 생물다양성의 고갈과 인류의 미래 |

생물학자들은 지금 수준의 환경파괴가 계속된다면 2030년경에는 현존하는 동식물의 2%가 절멸하거나 조기 절멸의 위험에 처할 것이라고 추정한다. 이번 세기 말에 이르면 절반이 사라질 것이라고 경고한다. 생물다양성의 감소에 관한 이 같은 예측들이 나와 있어도 현대인의 대부분은 그 심각성을 피부로 느끼지 못한다. 물론 "예전에는 참 흔했는데 요즘엔 통 볼 수가 없어"라고 말하면서도 설마 그들이 우리 곁을 영원히 떠났을까 의아해한다. 나는 그리 머지 않은 과거에 우리 곁을 떠난 한 동물을 알고 있다.

　미국에서 박사학위 과정을 밟던 1980년대 내내 나는 코스타리카와 파나마의 열대우림에 드나들었다. 코스타리카 고산지대의 몬테베르데 운무림 보전지구(Monteverde Cloud Forest Preserve)에서 아즈텍개미(Aztec ants)의 행동과 생태를 연구하던 시절, 어느 날 밤 숲속에서 나는 눈이 부시도록 아름다운 오렌지색의 황금두꺼비(golden toad)를 보았다. 어른 한 사람이 제대로 들어앉기도 비좁을 정도의 물웅덩이에 언뜻 세어봐도 족히 스무 마리는 넘을 듯한 수컷 두꺼비들이 마치 우리 옛 이야기 '선녀와 나무꾼'에 나오는 선녀들처럼 멱을 감고 있었다. 그들에게 방해가 될까 두려워 숨소리마저 죽인 채 나무 뒤에 숨어 그들을 관찰하는 내 모습은 영락없는 나무꾼이었다. 다만 그들이 수컷 선녀들이란 게 아쉬울 뿐이었다. 그들은 고혹적인 몸매를 뽐내려는 듯 다리를 길게 뻗기도 하고 물웅덩이에 첨벙 뛰어들어 헤엄을 치기도 했다. 그 해 1986년 나는 그들을 딱 두 번 보았고 그게 내가 그들을 본 처음이자 마지막이었다.

1966년 황금두꺼비를 처음으로 발견한 미국 마이애미대학의 파충양서류학자 제이 새비지(Jay Savage)는 온 몸이 거의 형광에 가까운 오렌지색으로 뒤덮인 작고 섬세한 두꺼비를 보고 누군가가 그 두꺼비를 통째로 오렌지색 에나멜 페인트 통에 담갔다 꺼낸 것은 아닐까 의심했다고 한다. 깜깜한 열대 숲속에서 손전등 불빛에 비친 황금두꺼비들을 보면 정말 그들이 실제로 존재하는 동물인가 되묻게 된다. 그런 그들을 과학자들이 마지막으로 본 것은 1989년 5월 15일이었다. 결국 세계자연보전연맹(IUCN, International Union for Conservation of Nature and Natural Resources)은 2004년 그들을 완전히 절멸한 것으로 보고했다. 처음 발견된 시점으로부터 치면 불과 38년 동안 그저 10 km² 넓이의 고산지대에서 살다가 영원히 사라지고 만 것이다. 나는 2003년에 출간한 내 에세이집 『열대예찬』에서 "이럴 줄 알았으면 그들이 벗어놓은 옷가지라도 한두 개 숨겨둘 걸" 하는 나무꾼의 한탄을 늘어놓은 바 있다.

1960년부터 세계적으로 개구리를 포함한 양서류의 개체수가 적어도 매년 2%의 속도로 감소하고 있다. 우리 주변에서 개구리, 두꺼비, 맹꽁이, 도롱뇽들이 사라진다고 해서 금방 지구의 종말이 오는 것도 아닌데 뭘 그리 호들갑이냐고 반문하는 이가 있다면, 나는 그런 사람은 더 이상 21세기의 지식인으로 인정받을 수 없다고 생각한다. 경제학자 애덤 스미스(Adam Smith)는 『국부론(Wealth of Nations)』에서

www.fws.gov

그림 1 | 지금은 완전히 절멸한 것으로 알려져 있는 황금두꺼비

사회를 구성하고 있는 개개인이 모두 자기 자신의 이익을 위해서 노력하면 사회 전체가 부유해지고 번영하며, 그러한 과정은 이른바 '보이지 않는 손(invisible hands)'에 의해 통제되는 시장경제에 기초한다고 설명했다. 이에 따르면 자유교환의 손익은 거래의 구성원에 달려 있다고 가정하지만, 때로는 교환에 직접 관여하지 않은 이들이 손해를 보거나 이익을 보는 경우가 발생한다. 이러한 손해나 이익을 경제학에서는 외부효과(externality)라 부르는데 인간의 경제활동에 의해 환경이 피해를 입게 되는 경우가 그 대표적인 예다.

맑은 공기, 깨끗한 물, 비옥한 땅, 훌륭한 경관, 생물다양성을 비롯한 모든 자연자원은 이른바 공유자원이다. 기업, 정부, 심지어는 개인들도 종종 이런 자원을 해치는 이른바 공공자산의 비극(The Tragedy of the Commons)을 범한다. 생물다양성과 자연자원의 가치를 증명하고 측정하는 일은 매우 복합적인 문제이지만 최근 환경경제학(environmental economics)의 발달로 서서히 체계를 잡아가고 있다. 유전자 다양성, 종, 군집, 그리고 생태계의 경제적 가치에는 우리가 직접 수확하고 이용하는 직접 가치(direct value) 외에도 자원을 개발하거나 파괴하지 않고 생물다양성에 의해 제공되는 간접 가치(indirect value)가 포함되어 있다.

생물다양성의 보전은 우리 인류의 생존과 안녕을 위해 절대적으로 필요한 일이다. 자연계를 구성하는 모든 종들은 다 상호의존적이기 때문에 그 균형을 깨는 일은 그 어느 구성원에게도 궁극적인 이득이 될 수 없다. 따라서 인간도 다른 종들과 마찬가지로 생태적 제한 속에서 살아야 하고 지구의 청지기로서 그 임무를 충실히 이행해야 한다. 생물다양성은 또 생명의 기원을 구명하는 데 없어서는 안 될 중요한 단서를 갖고 있기 때문에 그 일부만이라도 잃을 경우 우리 자신의 존재 이유와 기원의 비밀을 푸는 데 심각한 어려움을 줄 것이다.

지금으로부터 10여 년 전 우리나라가 IMF 구제금융사태를 겪었을 때 그나마 다행이었던 점은 모든 물가가 폭등하는 가운데에서도 달걀 가격은 그리 심하게 오르지 않았다는 것이다. 달걀 값이 오르면 그에 따라 줄줄이 오를 온갖 음식물의 종류를 열거한다면 거의 끝도 없을 것이다. 하루에 거의 하나씩 달걀을 낳아주는 닭들이 최근 조류독감으로 고생하고 있다. 조류독감으로 의심된다는 농부의 신고만 접수되면 우리 정부는 곧바로 닭장 전체를 끌어다 묻는다. 우리 인류가 오랫동안 알을 잘 낳는 닭을 인위적으로 선택해온 바람에 우리가 기르는 닭들은 사실은 거의 '복제닭' 수준으로 유전자 다양성을 상실했다. 정말 언젠가 제대로 된 바이러스의 공격을 받으면 거의 모든 닭들이 사라질지도 모른다. 그런 일이 정말 일어난다면 우리는 메추리알로 만족하거나 아니면 닭의 조상인 동남아시아 정글의 멧닭(jungle fowl)을 데려다 다시 가축화 과정을 거쳐야 한다. 그 과정이 엄청나게 긴 시간을 요구할 것은 말할 나위도 없지만 만일 멧닭마저 야생에서 멸종하고 만다면 아예 시작조차 하지 못하게 될 것이다.

나는 환경 관련 대중강연을 할 때 종종 젠가(Jenga)라는 게임을 소개한다. 직육면체의 나무토막들을 가지런히 쌓아 올린 후 하나씩 빼다가 전체 구조물이 무너지면 끝이 나는 게임이다. 생태학은 아직 자연계의 모든 종들간의 관계를 제대로 파악하지 못하고 있다. 핵심종(keystone species)이나 깃대종(flag species)의 절멸만 걱정할 일이 아니다. 언제 어떤 종이 사라졌을 때 생태계 전체가 와르르 무너져 내릴지 아무도 모른다. 그 동안 당장 돈을 벌어들이는 학문이 아니라고 생각했던 생태학을 국가적 차원에서 적극 지원해야 하는 이유가 여기에 있다. 이제 더 이상 개발이냐 보전이냐를 논의할 여유가 없다. 환경을 파괴하면서 경제개발을 달성하던 회색성장의 시대가 가고 환경을 보전하며 경제개발을 도모하는 녹색성장의 시대가 열렸다. 보전을 생각하지 않는 개발이 조금만 지속된다면 실로 우리 인류의 미래 자체가 불분명한 상황이다.

몇 년 전부터 나는 인도네시아 자바의 구눙 할리문-살락 국립공원

(cc)Andreas Frank

그림 2 | 멸종위기종으로 분류되어 있는 자바긴팔원숭이

(Gunung Halimun-Salak National Park)에서 자바긴팔원숭이(Javan gibbon)를 연구하고 있다. 자바긴팔원숭이는 현재 세계자연보전연맹에 의해 멸종위기종으로 분류되어 있으며, 그들에 대한 연구가 진행된 게 그리 많지 않은 상태이다. 하다못해 그들이 야생에 몇 마리가 생존해 있는지 혹은 행동권(home range)은 얼마나 넓은지, 그래서 그들을 복원하여 방생하려면 어느 정도의 숲이 필요한지 등에 대해 믿을 만한 정보가 거의 없는 상태이다. 우리의 연구가 그들의 운명에 결정적인 역할을 하게 될 것은 분명해 보인다. 지금 환경부도 산양, 반달곰, 황새, 따오기 등의 복원사업을 벌이고 있다. 현장에서 열심히 일하고 있

는 분들에게 쓴소리를 해대는 것 같아 주저되지만, 이 같은 모든 복원 사업에는 생태적 병목(ecological bottleneck) 현상 또는 최소생존개체군(MVP, Minimum Viable Population) 등에 대한 심도 있는 생태학 연구가 반드시 필요하다. 2010년은 또 세계적인 환경운동가 제인 구달(Jane Goodall) 박사가 아프리카 탄자니아의 곰비국립공원(Gombe National Park)에서 야생 침팬지 연구를 시작한 지 50년이 되는 해이다. 그는 최근 그의 침팬지 연구 반세기를 기념하며 침팬지를 비롯한 온갖 동물들을 멸종의 위기에서 구해낸 눈물겨운 이야기들을 담아 『희망의 자연(Hope for Animals and Their World)』이라는 책을 출간했다. 이 책에 소개되어 있는 캘리포니아콘도르(California condor) 복원의 경우가 좋은 예가 될 것이다. 거의 멸종 직전까지 갔던 것을 이제 300마리 정도까지 복원시켜 이미 146마리가 캘리포니아, 애리조나, 유타의 하늘을 날고 있다고 한다. 어느 정도 안도하고 있지만 생태적 병목을 거친 개체군은 비록 수적으로는 늘었더라도 유전자다양성이 함께 증가한 것이 아니기 때문에 생태적으로 매우 취약한 개체군일 수밖에 없다. 지속적인 연구와 관리가 절실하다.

더 이상 옮겨갈 동굴이 없다

환경을 보호해야 한다는 생각은 이제 누구나 한다. 다만 먹고 사는 문제와 직접적으로 충돌할 경우 우리들 중 대부분은 아직도 왜 그런 순간에도 환경을 보호하는 것이 궁극적으로 우리에게 더 유리한 길인지 명확하게 이해하지 못할 뿐이다. 자연을 보호하려는 심성이 우리 본성인지 아닌지를 두고 학자들간에 논란이 분분하다. 나의 스승인 윌슨 교수는 우리 인간에게 '생명사랑(biophilia)'의 본능이 있다고 주장한다. 존경하는 스승님이긴 하지만 나는 이 점에 관한 한 전혀 다른 견해를 가지고 있다. 잠시 동굴시대로 돌아가 두 가족을 비교해보자. 한 가족은 대단히 까다롭고 엄격한 어른을 모시고 살고 다른 가족은 마음이 그저 '편안한' 사람들로 구성되어 있다고 가정해보자. 까다로운 어른이 있는 동굴에서는 용변도 늘 바깥에 나가봐야 하고 사흘이 멀다 하고 동굴 청소를 해야 한다. 나무 열매를 따고 사냥을 할 시간도 모자랄 지경인데 허구한 날 건강하고 쾌적한 주변 환경을 유지하기 위해 많은 시간을 투자하고 산다. 그런가 하면 건너편 동굴에 사는 이들은 하루 종일 열매도 거둬들이고 사냥도 많이 하여 비교적 배불리 먹고 산다. 해가 지면 용변도 적당히 동굴 으슥한 곳에서 해결하곤 한다. 편안하게 사는 것은 좋지만 시간이 지날수록 그들의 동굴에서는 악취와 병균으로 살기 어려워질 것이다. 하지만 동굴이 더 이상 참을 수 없을 정도로 더러워지면 깨끗한 새 동굴로 이사를 가기만 하면 된다. 구태여 주변 환경을 보호하느라 시간과 노력을 기울일 까닭이 없다.

인간이 평범한 한 종의 영장류에서 오늘날 이 지구를 지배하는 '만물의 영장'이 될 수 있었던 것은 주변 환경을 능동적으로 변화시키고 자원을 효율적으로 개발할 줄 아는 능력 때문이었다. 따라서 역설적으로 들릴지 모르지만 인간은 환경을 파괴하게끔 진화한 동물이다. 다른 어떤 동물들보다도 훨씬 더 효과적으로 환경을 이용할 줄 아는 가장 막강한 경쟁력을 지닌 동물이다. 다만 우리의 경쟁상대가 이제 더 이상 그 어느 다른 동물이 아니라 우리 자신일 뿐이라는 데 우리의 고민이 있다. 이제는 더 이상 옮겨갈 동굴이 없다. 우리나라가 너무 비좁고 복잡하여 살기 어렵다고 하여 어느날 우리 모두 캐나다나 뉴질랜드로 이사 가기로 결정한다고 해서 그곳 정부와 국민이 어서 오십쇼 하지 않는다. 우리 스스로 규제하지 않으면 하나밖에 없는 이 행성에서 살아남을 수 없다.

우리나라에도 다녀간 바 있는 물리학자 스티븐 호킹(Stephen Hawking) 박사는 인구문제와 환경문제는 그리 심각한 문제가 아니라고 말한다. 우리 인류는 곧 우주에 새로운 서식지를 개척할 것이고, 그렇게 되면 자연스럽게 인구가 분산될 것이며 환경오염도 그만큼 줄어들 것이라고 예언한다. 나 자신이 과연 세계적인 대학자에게 감히 도전할 수 있는 위치에 있는지는 잘 모르겠지만 이 점에 관해서만큼은 나는 그 역시 지극히 전통적인 물리학자일 수밖에 없다고 생각한다. 지금 미국에는 이미 우주여행 관광상품이 개발되어 불티나게 팔리고 있다고 한다. 엄청난 가격에도 불구하고 지금 신청하더라도 실제로 여행이 가능해지는 시점으로부터 몇 년을 기다려야 할지 아무도 모를 일이라 한다. 어느 억만장자 한 사람은 이미 러시아 우주선을 타고 외계에서 지구를 내려다보고 왔다는 보도가 있었다. 나도 한 번쯤은 저 먼 우주에서 이 아름다운 녹색 행성을 바라보고 싶다. 나는 지금도 1968년 겨울 아폴로 8호 우주인들이 보내온 지구의 사진을 잊지 못한다.

달의 지평선 위로 떠오르던 그 아름다운 행성의 모습을 보는 순간 마치 내 영혼이 내 육신을 벗어나 나를 들여다보는 것 같은 묘한 황홀함을 느꼈다. 사진으로 보는 게 아니라 직접 그런 경험을 하고 싶다.

나는 억만장자들뿐 아니라 지구에 사는 많은 사람들이 다 그런 경험을 하고 싶어하리라 믿는다. 하지만 막상 지구를 떠나 새로이 개발된 우주 도시로 이주하라고 하면 과연 몇 명이나 자원할지 자못 의심스럽다. 산소가 없는 곳일 테니 철저하게 밀폐된 공간이겠지만 냉난방 시설을 완벽하게 갖춘 아주 쾌적한 곳일 것이다. 하지만 그곳에는 귀뚜라미도 울지 않을 것이다. 우리가 일부러 옮겨주지 않는 한. 모기도 잉잉거리며 우리 귓전을 맴돌지 않을 것이다. 우리가 일부러 옮겨주지 않는 한. 나는 그곳으로 이사하지 않을 것이다. 가끔씩 모기에 물리더라도 이 지구에서 살다 죽고 싶다. 아마 나만 그런 것은 아니리라. 억만장자들은 절대로 이사 가지 않을 것이다. 별장은 가질망정. 신대륙을 개척했을 때마다 늘 가지지 못한 자들이 밀려갔던 역사가 어김없이 되풀이될 것이다. 이렇게 아름다운 곳을 두고 어느 누가 삭막한 우주로 이주하겠는가? 하나밖에 없는 지구다. 전우익 선생의 『혼자만 잘 살믄 무슨 재민겨?』라는 책이 있다. 나는 그에 앞서 혼자만 잘 살 수 있는가 묻고 싶다. 이 지구에서 함께 사는 방법을 터득하여 실천에 옮겨야 한다. 그걸 연구하는 학문이 바로 생태학이고 에코과학이다.

구달 박사가 2010년 9월 27일부터 10월 1일까지 5일 동안 우리나라를 방문했을 때 직접 들은 이야기이다. 곰비 50주년을 기념하는 각종 행사들이 세계 각국에서 열렸는데 음악의 나라 오스트리아에서는 특별히 감동적인 행사가 열렸다고 한다. 72명의 연주자로 구성된 오케스트라가 드보르작의 음악을 연주하기 시작했다. 연주가 어느 정도 진행된 즈음 바이올린 연주자 한 명이 조용히 일어나 악기를 챙겨 무대를 빠져나갔다. 잠시 후 또 다른 연주자가 역시 조용히 무대를 떠났다. 음악은 계속 되었지만 연주자들과 함께 악기들이 하나 둘씩 사라지는 것이었다. 그러다가 12명의 연주자들만 남았을 무렵 드디어 지휘자마저 무대를 떠나고 나머지 연주자들도 차례로 그 뒤를 따랐다. 맨 마지막으로 남은 드럼연주자는 매우 낮은 소리로 조용히 드럼을 두드리다가 급기야 그마저 연주를 멈추고 무대 뒤로 나가버렸다. 영문을 모르고 있던 관중들도 서서히 퍼포먼스의 의미를 알아차리고 모두 눈물을 흘리고 말았다는 이야기이다. 나는 이 이야기가 우리에게 전해주는 상징성이 대단하다고 생각한다. 내가 젱가를 하며 생각하는 것처럼 우리 생태계가 어느 순간 굉음을 내며 무너져 내리는 게 아닐지도 모른다. 음악은 계속될지 모른다. 하지만 시간이 갈수록 점점 가늘어지고 끝내 음악이 멈추며 우리 모두 함께 사라져갈 것이다.

　생물다양성의 보전은 우리 인류의 생존과 안녕을 위해 절대적으로 필요한 일이다. 자연계를 구성하는 모든 종들은 다 상호의존적이기 때문에 그 균형을 깨는 일은 그 어느 구성원에게도 궁극적인 이득이 될 수 없다. 따라서 인간도 다른 종들과 마찬가지로 생태적 제한 속에서 살아야 하고 지구의 청지기로서 그 임무를 충실히 이행해야 한다. 생물다양성은 또 생명의 기원을 구명하는 데 없어서는 안 될 중요한 단서를 갖고 있기 때문에 그 일부만이라도 잃을 경우 우리 자신의 존재

이유와 기원의 비밀을 푸는 데 심각한 어려움을 줄 것이다. 많은 사람들의 눈물겨운 노력에도 불구하고 지금 지구생태계의 곳곳에서는 너무나 많은 생물들이 사라지고 있다. 언뜻 희망이 없어 보인다. 하지만 구달 박사님은 "자연의 엄청난 회복력(resilience)과 불굴의 인간 정신(indomitable human spirit)이 있어서 우리에게는 아직 희망이 있다"고 말씀하신다. 2009년 크리스마스 무렵 구달 선생님은 내게 연하장을 겸하는 이메일에 '네 개의 촛불'이라는 파워포인트 자료를 첨부해 보내주셨다. 평화(peace), 믿음(faith), 사랑(love)의 촛불이 차례로 꺼져갔지만, 희망(hope)의 촛불은 끝까지 살아남아 또 다시 다른 촛불들을 밝혀준다는 내용이었다. 우리 앞에는 아직 희망의 촛불이 타고 있다. '생물다양성의 해'가 저물기 전에 우리 모두 함께 그 촛불을 양손 모아 보듬기 시작했으면 하는 마음 간절하다.

생물다양성의 역사와 현황

신현철 (순천향대학교 생명과학과 교수)

서울대학교 식물학과를 졸업하고, 동 대학원에서 이학 석사 및 박사 학위를 받았다. 현재 순천향대학교 생명과학과 교수로 있다. 지은 책으로 『한국의 보전생물학 현황과 과제』가 있고, 옮긴 책으로 『진화론논쟁』, 『식물계통학』, 『식물의 잡종에 관한 실험』 등이 있다.

사람들은 기후변화에 민감하게 반응하며 살아가고 있다. 여름이 되어 날씨가 더우면 가벼운 반팔옷을 입으나, 날씨가 추워지면 두툼한 옷을 입고 지낸다. 그런가 하면, 제비와 같은 새들은 추운 지방을 피해 따뜻한 곳으로 이동을 한다. 곰과 같은 동물들은 겨울 내내 잠만 자면서 추위를 견디며 살아간다. 식물들은 아예 움직이지 못하니까, 겨울이 되면 모든 잎을 떨어뜨리고 앙상한 가지만 지닌 채 살아간다.

생물은 자신들이 살고 있는 주변 환경과 영향을 주고받으며 살아간다. 생물을 둘러싼 환경에는 생물적 환경과 비생물적 환경이 있는데, 생물적 환경 요인은 한 생물들을 둘러싸고 있는 다른 생물들이며, 비생물적 환경은 온도, 물, 공기, 토양 등과 같은 요인들이다. 생물의 지속가능한 생존은 이들 생물적 환경 요인과 비생물적 환경 요인 사이의 균형에 의해 결정된다. 비생물적 환경 요인이 급격히 변화하다보면 생물들이 지구에서 사라지거나 새롭게 생겨날 수 있다. 그런가 하면, 생물들끼리 상호작용을 하여 어느 한쪽이 사라질 수도 있고 지금까지 지구에 없었던 새로운 생물들이 탄생하기도 한다.

지구에는 얼마나 많은 종류의 생물이 살아가고 있을까? 이들은 어떻게 탄생하게 되었을까? 생물들이 어떻게, 왜 지구에서 사라졌을까? 지구에서 생물들이 태어나고 죽는 과정이 자연스러운 것이라면, 우리는 왜 지구에서 살아가는 생물들을 보전해야 할까? 인간도 지구에서 살아가는 수많은 생물 중 하나인데, 인간이 다른 생물에 주는 영향은 무엇일까? 왜 인간 활동에 의해 지구에서 생물이 사라진다고 말할까? 이러한 질문에 대한 답을 많은 사람들이 '생물다양성'이라는 단어에

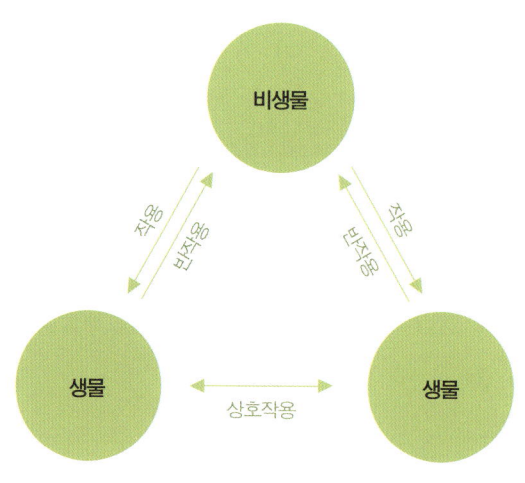

그림 1 | 생물과 환경의 관계

서 찾고 있다.

생물 종류를 세는 단위 : 종

생물다양성을 여러 방식으로 정의하지만, 가장 흔하게 '다양한 생물 종수'라고 정의한다. 달리 말해 '지구에는 얼마나 다양한 생물들이 살아가고 있을까?'라는 질문에, 사람들에게 알려진 것은 약 150만 '종' 정도 된다고 답한다. '종'이란 무엇일까?

생물학자들은 종을 '잠재적으로 또는 실질적으로 교배가 가능한 자연 개체군'으로 규정하면서, 이들 개체군은 다른 개체군과는 생식적으로 격리된 것으로 간주한다. 즉, 같은 종끼리는 자손을 만들 수 있으나, 다른 종 사이에서는 자손이 만들어지지 않는다는 의미이다. 이렇게 정의하면, 노새나 라이거는 말과 당나귀, 사자와 호랑이 사이에서 만들어진 자손들이기에 말과 당나귀, 사자와 호랑이가 같은 종이라는 이야기가 될 수도 있다. 하지만 노새와 라이거는 자연 상태에서는 만들어지지 않을 뿐더러, 자신들의 자손을 만들 수가 없기 때문에, 말과 당나귀, 사자와 호랑이는 생식적으로 격리된 것으로, 즉 서로 다른 종으로 간주한다.

그러나 이런 식으로 종을 규정하면, 같은 종인지 다른 종인지를 파악하기 위해서는 교배를 시킨 다음 자손이 만들어지는지 여부를 확인해야만 하는 번거로움도 있다. 그래서 사람들은 흔히 형태적으로 비슷하면 같은 종이라 생각하고, 형태적으로 다르면 다른 종으로 여긴다. 사자 몸에는 줄무늬가 없고, 호랑이에게는 줄무늬가 있으니, 다른 종으로 간주해도 좋을 것이다. 이런 방식으로 종을 구분하면 쉽기는 한데, 형태가 어느 정도 달라야 다른 종이라고 할지에 대해서는 참으로 난감하다 할 수 있다. 그래서 생물학자들은 형태적으로 어느 정도 다르면 다른 종으로 간주하고, 교배실험을 통하여 자손을 만들 수 있는지를 확인하고 있다.

따라서 지구에 약 150만 종이 있다는 의미는 형태적으로나 생식적으로 격리된 개체군이 150만 개 있다는 것이다. 한편, 생물다양성을 파악하고자 할 때 '종'은 매우 많기 때문에, 사람들은 몇몇 종을 묶어 '속'이라고 부르고, 몇몇 속을 묶어서 다시 '과'라고 부른다. 한 할아버지와 할머니가 이루는 모든 자식들과 이들이 낳은 손자, 손녀들을 생물다양성에 비유하자면, 한 자식이 낳은 아들, 딸 들은 모두 하나의 종들에 해당할 것이고, 아들과 딸 그리고 이들의 부모를 하나로 묶으면 하나의 속이 될 것이고, 이들 전체를 묶으면, 즉 한 할아버지와 할머니에서 비롯된 모든 자식과 손자들은 하나의 과가 될 것이다.

생물의 역사 : 시작에서 지금까지

지구에 살고 있는 생물들의 가계도를 손자를 기준점으로 해서 살펴보면, 아버지, 할아버지, 증조할아버지, 고조할아버지, 4대조, 5대조, 6

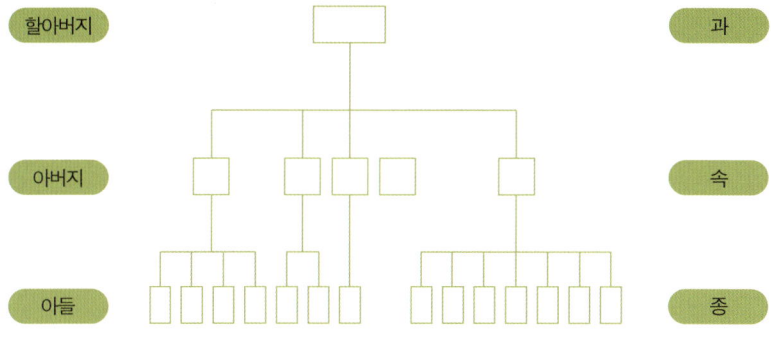

그림 2 | 가계도에 비유한 종, 속, 과의 개념도

대조 순으로 쭉 거슬러 올라갈 수 있을 것이다. 이렇게 가다보면, 언젠가는 지구상에서 최초로 태어난 모든 생물들의 조상을 만나게 될 것이다. 이 조상에서 기원해 태어나 살다가 죽은 모든 생물들을 총칭하여 '생물다양성'이라고도 부를 수 있다. 생물과 지구환경의 역사를 살펴보면, 수많은 생물들이 지구상에 태어났고 사라졌음도 알 수 있다.

지구 역사를 살펴보면, 약 45억 년 전에 지구가 만들어졌고, 이렇게 처음 생겨난 지구는 굉장히 뜨거워서 그 당시에는 생물이 한 종도 없었을 것으로 추정하고 있다. 지구가 식어가면서 약 38억 년 전 지구상에 생명체가 최초로 탄생하였다. 물론, 이 생명체는 현미경을 이용해야만 관찰할 수 있는 아주 조그만 생물이었다. 오늘날 흔히 볼 수 있는 생물들에서 관찰되는 핵이라는 소기관도 갖지 못한 생물들이었다. 또한 지구가 처음 만들어졌을 때에는, 대기에 수소, 메탄, 암모니아, 수증기 등만 있었기에, 산소가 없는 곳에서 생활하는 생물이 지구에서 먼저 탄생하였다.

　시간이 흘러 30억 년쯤 광합성을 할 수 있는 조그만 생물이 탄생하였고, 이들은 그 부산물로 산소를 대기 중에 방출하였다. 아마도 지구가 탄생하여 지금까지 첫 번째로 나타난 대기오염일 것이다. 이 때문에 산소가 없던 곳에서 생활하던 생물들은 모두 죽거나 산소가 없는 곳으로 이동하였고, 이들의 빈자리를 산소를 필요로 하는 생물들이 차지하였다. 지구에서 일어났던 환경변화에 따른 최초의 생물절멸현상이었을 것이다. 광합성을 한 최초의 생물체는 남조류일 것으로 추정하고 있다.

　더 오랜 시간이 지나면서, 지구 대기 중에 산소가 늘어남에 따라 산소가 없으면 살 수 없는 생물들이 지구상에 더욱 많아졌다. 이전에 산소가 없던 곳에서 살아가던 생물들을 혐기성 생물이라 부르고, 산소가 있는 환경에서 살아가는 생물들을 호기성 생물이라고 부른다. 물론 이들 호기성 생물도 오늘날 주변에서 흔히 볼 수 있는 생물은 아니고, 현미경으로만 관찰되며 핵이 없는 아주 조그만 생물이다.

　약 12억 년 전에는 핵을 비롯하여 미토콘드리아 등과 같은 세포 내 소기관들을 지닌 진핵생물이 탄생하였다. 이들 소기관을 생물들이 지니게 됨에 따라 산소를 효율적으로 이용할 수 있게 되어 에너지 효율이 높아졌고, 좀 더 다양한 환경에 적응할 수 있었을 것으로 추정된다. 6억 년 전에는 여러 개의 세포로 이루어진 생물들이 지구상에 출현하였다. 이들은 세포들 사이에서 생명활동에 필요한 여러 가지 일들에 대한 분화 현상이 일어나, 좀 더 다양한 환경에 적응하여 살 수 있게 되었다.

다세포로 된 생물들은 단세포생물들에 비해 여러 유리한 점이 있었을 것으로 추정하고 있다. 몸집이 커지면서 다른 단세포생물들을 먹으면서 생활하던, 오늘날 예를 들면, 아메바나 짚신벌레와 같은, 생물들로부터 자신들을 지킬 수가 있었다. 또한 몸을 단단한 표면에 부착시킴으로써 물의 흐름으로부터 자신들의 몸을 고정시킬 수 있었을 것이고, 세포들 사이에 정보교환을 하기 위한 수단을 발달시켜 또 다른 유리한 점을 지닐 수 있었을 것이다.

그리고 이전에는 몸이 한 개의 세포로 이루어졌기 때문에, 번식을 할 때 몸의 일부가 떨어져 나가 새로운 개체를 형성하는 무성생식에 의존하였다. 그러나 여러 개의 세포로 되면서, 생식세포와 체세포가 기능적으로 분화된 결과 새로운 개체를 만들기 위해서는 항상 정자와 난자를 만들어야만 했고, 이들을 다시 접합시키는 과정인 유성생식을 거쳐야만 했다. 유성생식을 하게 됨으로써, 무성생식 결과 나타나는 부모와 자식 간의 유전적 동일성 대신 부모와 자식 사이, 그리고 자식들 사이에서의 유전자다양성이 나타났다. 따라서 다세포생물들은 유전자다양성을 비롯한 단세포생물보다 유리한 점을 바탕으로 이전의 단세포생물들보다 훨씬 더 빠른 속도로 지구 전체로 퍼져나갔을 것이다.

5억 년 전쯤 캠브리아기에 다세포생물들이 폭발적으로 증가한 것으로 알려져 있다. 이 시기에 지구 대륙이 이동을 시작하여 당시 남극 쪽에 있었던 브라질 지역이 오늘날의 열대 지방으로 이동한 것으로 추정하고 있다. 또한 다세포생물의 출현과 맞물려, 생물들의 서식환경이 급격히 좋아짐에 따라 폭발적으로 생물의 종류가 증가했다고 본다. 특히 오늘날 물 속에서 볼 수 있는 다양한 동물 종류가 이때부터 지구에 나타나기 시작했다.

 오르도비스기와 실루리아기 사이인 약 4억 년 전, 육지에 식물이 살게 되었으며, 최초의 육상식물로 알려진 쿠크소니아가 화석으로 발견되었다. 육지에 식물이 살게 됨에 따라, 이들을 먹이로 하는 동물들도 육지로 올라가게 되었고, 비로소 육지에 다양한 생물들이 나타나기 시작하였다. 아마도 양서류가 물에서 육지로 올라온 최초의 동물일 것이다. 이어서, 2억 5천만 년 전에는 지구상에서 나타난 생물 중 몸집이 가장 큰 것으로 보이는 공룡이 태어났고, 뒤를 이어 포유동물도 지구의 한 식구로 모습을 드러냈다.

 그리고 약 9천만 년 전, 아름다운 꽃들을 피우는 피자식물들이 지구상에 모습을 드러냈다. 꿀을 제공하는 꽃들이 다양해지면서 찾아오는 곤충들도 많아졌고, 또한 곤충들이 늘어날수록 꽃들도 다양해졌다. 이러한 이유로 인하여 곤충 종류가 지구상에서 가장 많은 약 75만 종으로, 그리고 피자식물이 식물 중에서는 가장 많은 약 2만 5천 종으로 식구가 늘어났다.

 300만 년 전 드디어 인류의 조상이 지구에 출현하였고, 지속된 진화과정을 거치면서 1만 6천 년 전 인류는 자신들의 흔적을 지구에 남기기 시작하였다. 지구상에 제일 늦게 모습을 드러낸 인류는, 기원전 7천 년 전 약 5천만 명 수준을 유지하다가, 예수 시대에는 2억 5천만 명, 그리고 산업혁명 시기인 1850년대에는 10억, 그리고 현재는 60억 명 이상으로 그 수가 증가했다.

생물다양성의 역사 : 절멸과 새로운 종의 탄생으로 생물다양성 유지

환경이 변화함에 따라 생물들도 적응하면서 살아가거나, 적응하지 못하고 죽기도 한다. 생물이 환경변화에 적응하지 못하고 죽어버려, 지구상에서 사라지는 경우를 '절멸'이라고 한다. 이와는 반대로, 환경이 바뀜에 따라 생물들도 꾸준히 변화하면서 새로운 종으로 진화하기도 하는데, 이를 종분화라고 한다. 생물의 역사를 보면, 이러한 절멸과 '종분화'에 따른 새로운 종이 탄생하면서, 생물다양성이 유지되어왔음을 알 수 있다.

생물들이 변화하는 유형을 세 가지로 구분할 수 있다. 첫 번째는 한 생물(한 종)이 살아가면서 환경이 바뀌자, 바뀐 환경에 적응하여 또 다른 생물(다른 종)로 바뀌며 진화하는 경우이다(그림 3의 A). 두 번째는 한 종이 살아가면서 환경이 바뀌자, 바뀐 환경에 적응하는 과정에서 두 종으로 분리되는 경우이다(그림 3의 B). 그리고 세 번째는, 바뀐 환경에 적응하지 못하고, 지구에서 사라져버린 경우이다(그림 3의 C).

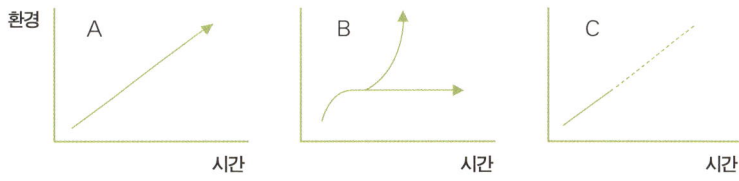

그림 3 | 시간과 환경의 변화에 따른 종의 변화. A는 한 종이 다른 한 종으로, B는 한 종이 서로 다른 두 종으로, 그리고 C는 한 종은 지구상에서 사라진 경우이다.

첫 번째 경우가 생물다양성을 그대로 유지한다고 하면, 세 번째 경우는 생물다양성이 감소하는 경우가 될 것이고, 두 번째 경우는 생물다양성을 증가시키는 경우가 될 것이다.

한 종이 다른 종으로 변화하는 사례를 정확하게 보여줄 수는 없다. 왜냐하면 이미 사라진 종을 찾기가 힘들뿐만 아니라, 새롭게 출현한 종의 조상이 사라져버린 종의 후손일 증거를 제시하기가 매우 어렵기 때문이다. 그러나 정황 증거로 이러한 사례를 찾을 수는 있다. 울릉도에 가면 너도밤나무를 쉽게 볼 수 있다. 너도밤나무는 울릉도를 제외하고는 우리나라 및 전 세계 어디에서도 찾아볼 수 없는 식물로, 비슷한 식물들이 일본이나 유럽 등지에서 자라기는 한다. 그런데, 너도밤나무가 속하는 너도밤나무속 식물들의 화석은 포항 근처에서 많이 발견되고 있다. 아마도 포항 근처에서 자라던 너도밤나무속 식물이 울릉도로 건너가고, 포항과 울릉도에서 같이 살다가, 환경이 바뀌면서 포항의 너도밤나무속 식물은 모두 죽고, 화석으로 자신들이 살았던 흔적만 남기고, 울릉도로 건너간 너도밤나무속 식물들은 울릉도라는 환경에 적응하면서 오늘날의 너도밤나무가 되지 않았을까. 만일 이러한 가설이 타당하다면, 앞에서 설명한 첫 번째 사례는 될 수 있다.

한 종이 두 종 또는 그 이상의 종으로 진화한 두 번째 사례는 도처에서 찾을 수 있는데, 울릉도의 사례를 다시 들어보겠다. 울릉도에는 식물을 먹고 사는 초식성 포유동물이 없었기 때문에 식물들은 자기 몸을 보호할 필요가 별로 없었고, 따라서 한반도에서 자라는 식물들에서 흔히 볼 수 있는 가시를 만들지 않았다. 예를 들어 한반도에 있는 산딸기

(cc)Mauricio Antón

그림 4 | 빙하기 때 절멸한 매머드를 그린 그림

에는 수많은 가시들이 줄기나 잔가지 등에 달려 있으나, 울릉도에 있는 섬나무딸기에는 이러한 가시가 거의 혹은 아예 없다. 또한 안개일수가 많기 때문에 광합성하기에 불리했고, 식물들은 이를 극복하고자 잎의 면적을 증가시켰으며, 광택이 나도록 진화하였다. 한반도에 있는 노루귀잎보다 울릉도에서 자라는 섬노루귀의 잎은 10배 이상 크다. 아마도 한반도에서 살아가던 산딸기나 노루귀가 울릉도로 건너간 다음, 그곳의 환경에 적응하면서 살아가다보니 새로운 종으로 진화하였을 것으로 추측한다.

바뀐 환경에 적응하지 못하고 지구상에서 완전히 사라져버린 사례로는 매머드를 들 수 있다. 매머드는 코끼리와 비슷한 동물로 어금니가 4m나 되었으며 극심한 추위에도 견딜 수 있게 온몸이 털로 뒤덮여 있었지만, 마지막 빙하기 때인 지금부터 8천 년 전에서 1만 년 전 사이에 절멸하였다. 빙하기가 끝난 다음에 이어진 기후변화에 적응하지 못하여 절멸하였을 것이라는 가정과 함께, 사람들의 과도한 사냥, 또는 질병원에 의한 감염 등으로 매머드가 절멸하였을 것으로 생각하고 있다. 매머드 화석은 우리나라에서도 발견되어 이 땅에서도 살았을 것으로 생각되나, 그 후손에 대한 정보는 전혀 없다.

이렇듯, 생물들은 환경과의 상호작용을 통하여 지구상에서 완전히 사라지거나 새롭게 태어나면서, 지구의 생물다양성을 유지 또는 증가시켜왔다. 오늘날 지구상에 알려진 생물 종류 수를 150만 종으로 추정하고 있는데, 이 수는 한편으로는 절멸하고, 다른 한편으로 새롭게 태어나는 과정을 반복한 결과일 것이다.

절멸과 대량절멸 : 생물다양성의 위기

생물들이 절멸하였다는 증거는 화석기록을 살펴보면 알 수 있다. 특정 지층까지만 보이고 그 다음에는 전혀 나타나지 않으면 절멸한 것으로 간주하는데, 절지동물에 속하는 삼엽충, 그리고 최초의 관다발식물로 알려진 화석솔잎란 등이 이러한 사례들이다.

이처럼 지구 역사를 보면, 지금까지 수많은 생물들이 태어나고 죽어갔다. 앞으로도 이러한 현상들은 자연스럽게 발생할 것이다. 사라져 간 생물들의 빈자리는 새롭게 태어난 생물들이 물려받을 것이며, 이러한 과정이 생물의 역사임이 틀림없다. 현재의 생물다양성 위기가 인간

활동의 결과로 유발된 것이지만, 인류가 태어나기 전에도 생물다양성에 위기가 될 만큼 갑자기 많은 생물들이 지구상에서 사라진 기록이 있다. 이를 대량절멸이라고 하는데, 지금까지 다섯 번의 대량절멸이 있었던 것으로 알려져 있다.

첫 번째는 약 4억 4천만 년 전에 일어났는데, 그때까지 존재하던 과의 17%와 속의 50%, 그리고 종의 75%가 절멸할 정도로 많은 종이 지구상에서 사라졌다. 두 번째는 약 3억 6천만 년 전에 나타나 생물 종의 70%가 갑자기 사라졌고, 세 번째는 약 2억 5천만 년 전으로, 바다에 살던 생물 종의 96%, 육지에 살던 생물 종의 70%가 사라져 지구 역사를 통해 볼 때 최악의 생물 참사로 알려지고 있다. 네 번째는 약 2억 1천만 년 전에 나타났는데, 과의 23%와 속의 48%가 지구상에서 사라졌으며, 가장 최근의 절멸은 약 7천만 년 전으로 그때까지 살아가던 생물 종의 75%가 사라졌다. 이때, 커다란 몸집을 자랑하던 공룡이 지구상에서 완전히 사라졌다.

대량절멸의 원인에 대해서는 여러 가지 가설들만 존재하고 있다. 시간을 거슬러 올라가 원인들을 찾고 분석하는 일이 불가능하기 때문이다. 가설들의 한 가지 예로 공룡이 지구상에서 완전히 사라진 원인으로 소행성이 지구와 충돌한 것을 들 수 있다. 이러한 충돌로 인하여 미세한 먼지나 조각들이 대기로 올라갔고, 이들이 태양빛을 가려서 그 당시 공룡을 포함한 많은 생물들이 사라진 것으로 추정하고 있다.

생물다양성 회복 : 공룡의 빈자리와 포유동물

생물의 역사를 보면, 이전까지 존재하던 생물들이 갑자기 사라지면 그 빈자리를 새로운 생물들이 차지하고, 또 이들이 사라지면 또다시 새로운 생물들이 그 자리를 물려받아, 얼핏 보면 이어달리기에서 선수들이 바통을 이어받는 것처럼, 생물들의 빈 공간을 새로운 생물들이 이어받았다. 예를 들면, 공룡이 지구에서 사라지자 이 거대 동물 앞에서 기를 펴지 못하고 살던 포유동물이 공룡의 자리를 차지했고, 뒤를 이어 인류가 그 자리를 이어받고 있다. 이처럼 지구상에 새롭게 나타난 생물들은 환경의 변화에 따라 진화한, 달리 말해 생물들의 종분화에 따른 결과였다. 대량절멸은 절멸된 생물들 입장에서는 재난이었을지 모르지만, 다른 생물들에게는 또 다른 기회를 제공한 것이다. 어느 한 생물들이 너무나 많아 지구상에 우점하였을 경우, 이 생물에 대항하지 못한 생물들은 살아가기가 힘들었을 텐데, 우점하던 생물들이 한꺼번에 사라지자 억눌려 살아가던 생물들에게 기회가 찾아왔던 것이다.

공룡시대의 포유류는 크기가 작고 주로 밤에 활동하며 곤충을 잡아먹고 살면서, 알을 낳다가 어느 순간 새끼를 낳기 시작하였던 것으로 추정하고 있다. 포유동물 과의 수도 15개 정도에 불과하였다. 그러다가 신생대가 시작하기 직전 한 시대를 호령하던 공룡들이 절멸하자, 이들에 비해 행동이 민첩하고 온혈동물이며 털로 덮여 체온을 유지할 수 있었던 포유동물이 공룡들이 차지하던 공간을 채워갔다. 이들은 다양하게 진화하여 번성하면서 그 종 수를 늘려갔는데, 포유동물의 과의 수가 적응 방산을 통하여 78개 과로 증가하였다.

공룡시대에 살았던 포유동물은 털을 지니고 있었는데, 이 털은 체온을 항상 일정한 상태로 유지해주어 주로 밤시간대나 땅속에서도 생활할 수 있게 되었다. 이전의 파충류의 경우 체온이 외부 기온에 따라 변화하기 때문에 기온이 떨어지는 밤에는 활동하기가 다소 힘들었던 것으로 알려져 있다. 또한 밤에 움직이다 보니, 눈과 귀 등의 감각기관이 포유동물 종류마다 다양하게 발달하였다. 이들은 새끼를 낳아서 정성껏 보육하였기에, 새끼들은 파충류처럼 알에서 막 부화한 다음 사냥과 자기 자신을 보호하는 데 에너지를 사용하지 않고, 생리적으로 생장하는 데 모두 쓸 수 있었다. 이러한 점들로 인하여, 공룡이 사라진 빈자리를 포유동물이 채워가면서 다양하게 진화하였던 것이다.

섬에서의 생물다양성 증가 : 울릉도 식물들

절멸한 생물들의 빈자리를 새로운 종이 채워가는 방식의 생물다양성 회복 이외에, 새로운 서식지로 이동하여 그 환경에 적응하면서 생물다양성이 증가하는 경우도 있다. 이러한 경우는 새롭게 만들어진 섬 등에서 쉽게 관찰된다.

화산활동으로 만들어진 섬의 경우, 생성 직후에는 생물들이 살아갈 수가 없었다. 그러다가 외부에서 생물들이 이동해오고, 이들 생물들이 섬이라는 환경에 적응하면서 다양한 생물로 진화하여 생물다양성을 증가시켰다. 이러한 진화 양상을 보여주는 가장 좋은 사례는 다윈이 찾았던 갈라파고스제도의 핀치새일 것이다. 핀치새는 갈라파고스제도에서만 나타나는 고유한 조류로, 아마도 칠레 부근에서 이동한 다음, 먹이를 먹는 방식에 따라 부리모양이 변화하면서 다양하게 진화한

그림 5 | 왕해국, 추산쑥부쟁이, 섬쑥부쟁이의 생육지 사진과 두상화. 왼쪽부터 오른쪽으로 왕해국, 추산쑥부쟁이, 그리고 섬쑥부쟁이다.

것으로 알려져 있다.

　우리나라에도 화산섬이 있는데, 바로 울릉도와 제주도이다. 이중 울릉도에는 전 세계에서 이곳에서만 자라는 식물로 섬쑥부쟁이, 너도밤나무, 섬노루귀, 섬현삼, 섬시호 등 30여 종류가 자라고 있다. 이들 식물들은 아마도 한반도 또는 일본이나 러시아에서 자라다 울릉도까지 날아와 독특한 섬 환경에 적응하여 진화한 것으로 추정하고 있다. 울릉도는 바다 한가운데에 있어서 안개일수가 많고, 섬에 포유동물이 없었기 때문에 식물들이 이러한 환경조건에 맞추어 진화한 것이다. 앞에서 설명한 너도밤나무와 섬산딸기나무 등이 이러한 사례라 할 수 있다.

　한편, 울릉도에서 진화한 다음, 다시 이들끼리 잡종을 만들어 새로운 종을 만든 사례도 알려져 있다. 울릉도 바닷가에는 왕해국이 자라고, 바닷가에서 숲에 이르는 지역에는 섬쑥부쟁이가 자란다. 이 두 식물은 전 세계적으로 울릉도에서만 자라는 울릉도 고유한 식물이다. 그런데 이들이 함께 자라는 지역을 조사해보면, 형태적으로 이 두 종과 서로 겹치는 묘한 식물들이 발견되는데, 왕해국과 섬쑥부쟁이 사이에서 만들어진 잡종인 추산쑥부쟁이이다. 추산쑥부쟁이는 최근 보고되었는데, 울릉도에서 왕해국과 섬쑥부쟁이가 종분화 과정을 거쳐 만들어진 다음, 다시 이 두 종 사이의 잡종형성이라는 과정을 거치면서 탄생한 것으로 추정하고 있다. 이러한 종분화는 다양한 생물들이 함께 어울려 살아갈 때 가능한 것으로, 왕해국이나 섬쑥부쟁이 한 종만 있었다면 이러한 일은 일어나지 않았을 것이다.

생물다양성 현황

현재 생존하고 있는 것으로 학계에 알려진 생물 종수는 약 150만 종이다. 이들 중 절반이 넘는 생물이 곤충류이며, 그 다음으로 관다발이 있는 식물이 17.6%(약 25만 종)로, 이 두 종류가 70% 이상을 차지한다. 나머지 30%가 척추동물과 곤충류를 제외한 무척추동물, 균류, 이끼류, 원생동물, 박테리아 그리고 바이러스 등이다. 그러나 이러한 숫자는 부정확한 것으로 지구상에 분포하는 것으로 알려졌으나, 아직까지 파악되지 않은 생물까지를 포함하면, 학자에 따라 측정치는 다르지만 대부분의 학자는 1,300만~1,400만 종 사이가 될 것으로 추정하고 있다.

일례로 모래 1g에서 4천 종에서 5천 종을 발견한 연구도 있으며, 숲 속의 토양 1g에서 5천 종의 생물을 발견하기도 하였다. 그런가 하면, 곤충처럼 다양한 동물들이 열대지방의 나무 꼭대기에 적응하여 땅위로 거의 내려오지 않으면서 살고 있어 이들에 대한 조사는 거의 불가능하다. 또한, 베트남과 라오스 경계에 있는, 사람들의 발길이 닿지 않은 산악지역은 최근에야 조사가 이루어져, 학계에 알려지지 않았던 포유류가 3종이나 발견되었는데, 얼마나 더 많은 생물들이 이곳에 있을까? 그리고 깊은 바다 속에서 살아가기에 사람들이 확인할 수 없었던 생물들은 얼마나 다양할까? 이들 종류들은 지금까지 알려진 생물들과는 전혀 다른 종이기에, 지구상에 분포하는 생물 종수에 추가되어야 할 것이다.

우리나라는 남북으로 길게 뻗어 있는 반도로서, 국토 면적의 약 65%가 산지이며, 서남부 지역에는 평야지대가 있고, 남서해안에는 3천여 개의 섬이 있어 생태적 환경이 매우 다양한 것으로 평가되고 있다. 또한 연평균 기온도 남해안 지역의 14C°에서 북부 산악지역의 5C°에 이르기까지 변이가 심할 뿐만 아니라, 연평균 강수량도 남해안 지역의 1,400mm에서 북부의 400mm까지 지역적으로 현저하게 차이를 보인다. 즉, 제주도를 포함한 남해안 지역은 난대성 기후지대인 반면, 백두산 일대의 북부 고산 지역은 한대 및 고산 기후지대로서, 다양한 기후지대에 다양한 생물들이 살아가고 있다. 즉, 우리나라에는 척추동물 1,900종, 무척추동물 19,300종(이중 곤충류가 1만 3천 종), 관

표 1 | 전 세계 생물다양성과 우리나라 생물다양성 현황

생물 무리	전 세계 종수	전 세계 백분율	우리나라 종수	우리나라 백분율	우리나라/전 세계
척추동물	50,000	3.4	1,900	5.7	3.8
곤충류	751,000	50.7	13,000	39.0	1.7
무척추동물	281,000	19.0	6,300	18.9	2.2
관다발식물	250,000	16.9	3,500	10.5	1.4
균류	69,000	4.7	2,100	6.3	3.0
조류	27,000	1.8	3,800	11.4	14.1
이끼류	16,000	1.1	700	2.1	4.4
원생생물	31,000	2.1	800	2.4	2.6
원핵생물	6,000	0.4	1,200	3.6	20.0
	1,481,000		33,300		

다발식물 3,500종, 하등식물(이끼류, 조류) 4,500종, 균류(지의류 포함) 2,100종, 원생생물 800종, 그리고 원핵생물 1,200종으로 약 3만 3천 종이 살아가는 것으로 알려져 있다.

이러한 생물다양성은 비슷한 면적을 지닌 온대 국가와 비교할 때 상당히 높다고 할 수 있다. 우리나라와 비슷한 면적을 지닌 영국과 비교할 때, 비교적 조사가 많이 이루어진 관다발식물의 경우는 우리나라에 3,500여 종이 분포하고 있는 반면, 영국은 1,500여 종에 불과하여, 우리나라가 3배 이상 높은 생물다양성을 유지하고 있다. 그러나 조사가 불충분한 무척추동물의 경우 우리나라에는 19,300여 종이 살아가는 반면, 영국에는 48,500여 종이 살아가고 있어 영국의 1/3밖에 되지 않는다. 따라서 생물다양성 총 수는 우리나라가 3만 여 종으로, 영국은 5만여 종으로 평가되고 있다. 우리나라 생물다양성 현황을 파악하기 위한 노력이 필요할 것이다.

이러한 점은 우리나라 생물다양성과 전 세계 생물다양성의 비율을 보면 알 수 있다. 전 세계적으로 곤충류가 생물다양성의 절반 이상을 점유하고 있는 반면, 우리나라의 경우 곤충류는 39%밖에 되지 않는다. 이러한 이유는 우리나라의 무척추동물의 생물다양성이 낮아서가 아니라 다양한 무척추동물을 연구하는 인력이 부족하기 때문으로, 동물을 구성하는 33개 문 중에서 17개 문에 대해서는 기초적인 동물상 수준의 연구조차 이루어지지 않고 있다. 또한 갑각류의 경우 50여 개의 목 중에서 16개 목에 대한 기초조사만 이루어졌을 뿐이다. 앞으로 아직까지 연구가 수행되지 못한 분류군의 경우 기초연구인력 양성부터 이루어져야 할 것이다.

| 생물다양성 현재 추세 : 제6절멸 |

생물 한 종 한 종이 지구에서 사라지는 현상은 매우 자연스러운 일이다. 자연상태에서는 관다발식물의 경우 해마다 평균 1종이, 척추동물은 100년마다 약 90종이 지구상에서 절멸한 것으로 추정하고 있다. 그러나 1600년대 이후 지금까지 약 400년간 고등식물은 584종이, 동물의 경우 488종이 절멸한 것으로 기록되어, 오랜 지구 역사에 걸쳐 생물들이 절멸했던 것보다 최근 들어서 많은 종들이 절멸하였음을 알 수 있다.

특히, 1600년대 이후 지구상에서 절멸한 종들을 대륙과 섬으로 구분하여 살펴보면, 동물의 경우 대륙에서 121종이, 섬에서 363종이 절멸한 것으로 나타났다. 식물의 경우에도 하와이 섬을 포함한 북중미와 오세아니아에서 410종이 절멸한 것으로 나타나, 섬에서의 생물다양성 감소가 빠른 속도로 진행되고 있음을 알 수 있다. 섬에서 인간 활동에 의해 생물이 절멸되었다는 많은 증거들이 있다. 즉 사람이 섬에 도착한 이후 많은 동물 뼈들이 쌓이기 시작했고, 대부분의 절멸이 모든 섬에서 사람이 맨 처음 도달한 이후 수백 년 사이에 뒤이어 나타났다. 더욱이 절멸된 종들은 사람이 쉽게 사냥할 수 있었던 몸집이 큰 초식동물들이었다.

보다 최근의 기록은 세계자연보전연맹(IUCN)에서 매년 발표하는 멸종위기에 처한 생물들의 목록을 보면 알 수 있는데, 1996년부터 2008년까지 지구상에서 절멸한 종이 791종에 달한 것으로 보고하였다. 이중 동물이 707종으로 약 90%를 차지하였고, 식물이 84종이었으나, 균류나 원생생물은 한 종도 보고되지 않았다. 한편, 동물 중에서는 종수는 5만 종에 불과한 척추동물이 323종으로 거의 절반 수준이어서, 척추동물의 절멸 비율이 상대적으로 매우 높은 것으로 조사되었다. 척추동물 중 조류가 132종으로 가장 많았고, 그 다음으로 포유동물로 76종이었다. 또한 식물의 경우, 관다발식물이 78종으로 조사되어, 절멸한 식물의 93%를 차지하였다.

이러한 비율은 관다발식물이 해마다 평균 1종, 척추동물이 100년에 90종이 자연스럽게 절멸할 것이라는 추정과는 달리 엄청나게 높음을 알 수 있다. 즉, 관다발식물과 척추동물이 1996년부터 2008년까지 10여 종은 자연스런 절멸을 맞이할 수 있으나, 세계자연보전연맹의 조사 결과는 이 비율에 비해 식물은 8배 정도, 척추동물은 30배 정도 높음을 알 수 있다. 이처럼 인간의 탐욕과 어리석음 등으로 인하여 생물들의 절멸이 가속화되어 제6의 절멸로 치닫고 있음을 알 수 있다.

인간의 탐욕 : 도도새와 탐발라코크나무

인간 활동에 의해 지구상에서 완전히 절멸한 사례로 흔히 도도새를 들고 있다. 그리고 도도새가 사라짐에 따라 지구상에서 멸종위기에 처하게 된 탐발라코크나무 사례는 생물들 사이의 상호작용이 얼마나 중요한지를 보여준다. 도도새는 아프리카 동쪽 마다가스카르 섬 근처 모리셔스 섬에서 살고 있었는데, 그 당시만 하더라도 이 섬에는 사람들이 살지 않았다. 이 섬에는 도도새를 위협할 포식자가 없었기 때문에 그들은 날 필요가 없었고 날개는 점점 퇴화하였다. 그런데 사람들이 이 섬에 들어오면서, 풀을 주로 먹고 무게가 25kg 정도 나가던 도도새는 사람들의 먹거리로 이용되어 점차 개체수가 줄어들었다. 1681년 마지막 한 개체가 발견된 이후, 더 이상 관찰되지 않았다.

그런데 도도새가 사라지자 이 섬에 있던 탐발라코크나무의 개체수도 점점 줄어들었다. 그러자 사람들은 개체수를 늘리기 위하여 씨를 받아 심었으나, 단 한 개의 씨에서도 싹이 나오지 않았다. 이 씨를 연구했던 식물학자는 씨의 겉껍질이 매우 단단해 씨 속에서 싹이 나오는 것을 물리적으로 막고 있다고 주장하였다. 그래서 씨를 뿌리기 전에 씨껍질을 제거하자 비로소 싹이 나왔다. 이전에는 도도새가 탐발라코크나무 씨를 먹으면 위에서 소화작용을 하면서 씨껍질이 제거되었으나, 도도새가 사라져 씨껍질이 제거되지 않으니 씨가 여기저기 퍼져나가도 싹이 나지 않아 멸종위기에 처하게 된 것이었다. 그래서 사람들은 이 나무를 도도나무라고 부르기도 하였다. 최근에는 도도새와 흡사한 크기의 칠면조가 도도새와 비슷한 작용을 하는 것으로 알려졌고, 칠면조를 이용하여 탐발라코크나무 개체수를 증가시키고 있다.

인간의 어리석음 : 이스터 섬의 야자나무

이스터 섬은 칠레 서쪽에서 3,700km 떨어진 태평양의 조그만 섬으로, 제주도의 1/10 정도 되는 화산섬이다. 지구상에서 가장 오랫동안 사람이 살지 않았던 섬으로 알려져 있는데, 현재 이 섬에는 나무는 전혀 없고 풀밭만 있다. 1722년 이 섬을 처음 방문한 독일 탐험가들이 거대한 석상들이 해안가를 따라 있는 것을 발견하였다. 이 석상 하나의 무게만도 85톤에 달하였고, 키가 10m나 되었다. 이 섬의 역사를 살펴보면 최초로 폴리네시아인들이 400년경에 정착한 것으로 추정되었고, 화산 분화구에 있던 늪지에서 화분 분석을 한 결과, 폴리네시아인들이 이 섬에 왔을 때에는 큰키나무들이 무리지어 살아가고 있었던 것으로 조사되었다. 하지만 큰키나무들의 꽃가루는 600년이 지나면서 급격하게 감소하기 시작하였고, 1400년경에는 큰키나무의 꽃가루는 거의 보이지 않고, 떨기나무들의 화분들이 대부분을 차지하였다. 큰키나무들의 화분은 칠레에 분포하는 칠레포도주야자나무와 비슷한 야자나무로 추정되었는데, 현재 이 나무는 이스터 섬에서 한 개체도 발견되지 않고 있다.

어떻게 이러한 일이 일어났을까? 이 섬 곳곳에서 돌고래와 조류 뼈가 많이 발견되었다. 이 뼈들은 이스터 섬에 정착한 사람들이 섬 주위에 있던 돌고래와 조류를 잡아먹은 흔적들로 보이는데, 야자나무가 사라지면서 돌고래 뼈도 더 이상 발견되지 않았다. 연구자들은 이스터 섬에 정착하였던 사람들이 고구마와 바나나를 재배하기 위하여 큰키나무들을 베었고, 이 목재를 이용하여 돌고래 사냥에 필요한 배를 만들었으며, 베어낸 나무를 이용하여 거대한 석상들을 바닷가로 운반하였던 것으로 추정하고 있다. 그리고 큰키나무 숲속에서 살아가던 조류들을 사냥하여 먹었고, 또한 이들의 알들도 먹었던 것으로 보고 있다.

하지만, 이런 식으로 야자나무를 베어내고, 그 씨들을 사람들과 쥐들이 전부 먹어버리자, 이스터 섬에는 더 이상 야자나무가 자라지 못하고 완전히 사라져버렸다. 이렇게 됨으로써 야자나무를 이용하여 석상들을 운반할 수 없게 되고, 또한 돌고래 사냥에 필요한 배를 만들 수 없게 되었다. 돌고래 고기를 먹기가 힘들어지자, 섬에 살던 조류에 사람들이 의존하게 되었고, 조류들도 종류와 개체 수가 감소하였다. 먹을 것이 부족해지자, 원주민의 수도 감소하였다. 이들은 살아남기 위하여 부족간에 전쟁을 하게 되었고, 이스터 섬에 독일 탐험가들이 도착하였을 때에는, 식인습관에 의존하면서 살아가고 있었다.

이스터 섬에 있는 야자나무는 지구상에서 절멸하였고, 이 섬에 살고 있던 25종류의 조류 중 1종은 지구상에서 사라졌으며, 12종에서 15종은 이스터 섬에서 절멸하였다. 인간 활동에 의해 생물이 지구상에서 사라질 수 있음을 보여주는 극단적인 사례가 이스터 섬에서 발생한 것이다.

우리나라에서 사라진 생물들

한반도에서 살아가던 생물 중 지구상에서 완전히 사라져버린 사례도 있다. 독도강치 또는 일본강치로도 부르던 바다사자를 세계자연보전연맹에서는 지구상에서 완전히 사라진, 절멸한 생물로 보고하였다. 바다사자는 몸길이 2.4m, 몸무게 500kg에 육박한 바다에서 생활하는 포유동물로, 조선 정조 시대인 1794년의 기록에 따르면 "선사시대부터 동해를 주 서식지로 한반도 연해에서 서식하던 해양포유동물"이다. 19세기 독도에서 살아가던 바다사자 수는 3만에서 5만 마리로 추정되나, 19세기 말부터 20세기 초까지 이루어진 남획과 러일전쟁 등의 여파로 자취를 완전히 감춘 것으로 보고 있다. 1972년까지 독도에서 살아가고 있음이 확인되었고, 일본 북해도에서 암컷 한 마리가 포획된 이후 관찰되지 않고 있어, 지구상에서 절멸되었다고 추측한다. 최근 러시아와 공동 조사를 추진하였으나, 생존 가능성은 없는 것으로 추정하였다.

그런가 하면, 한반도에서는 완전히 사라졌지만, 한반도 인근 지역인 일본이나 중국, 러시아 등지에서는 명맥을 유지하는 생물도 있다. 이러한 생물의 대표적인 사례로는 호랑이, 따오기 등을 들 수가 있을 것이다. 호랑이는 우리의 단군신화에 등장하는 영물이다. 호랑이가 참을성이 없어 비록 인간은 되지 못하였으나, 인간의 손에 비참한 최후를 맞이할 줄은 몰랐을 것이다. 호랑이가 한때 사람을 해치는 동물로 간주되었고, 이러한 어이없는 이유와 아마도 호랑이 가죽을 얻고자

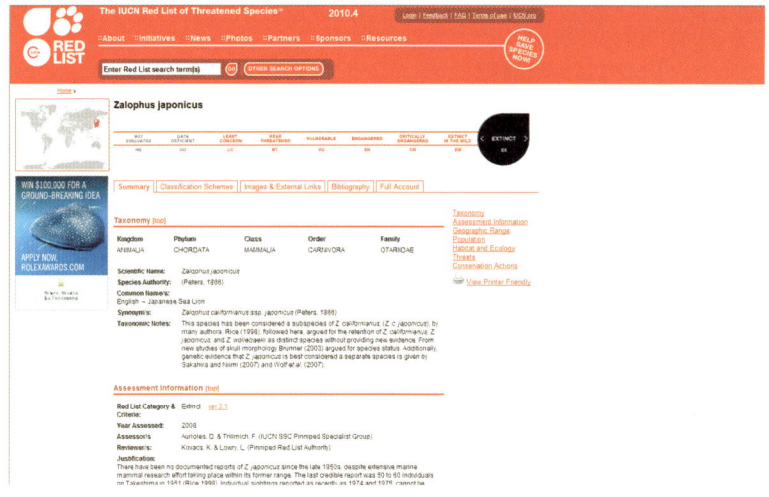

그림 6 | 바다사자가 절멸되었다는 IUCN 적색 목록 홈페이지 화면. 세계 지도 중에서 빨간색으로 표시된 부분이 바다사자가 분포했던 지역이며, 그 옆에 "Zalophus japonicus"라는 바다사자 학명이 있으며, 맨 오른쪽에 바다사자가 절멸하였다는 표시(extinct)가 있다.

하는 가진 자들의 욕망도 호랑이 절멸에 큰 이유가 될 것이다. 1920년대 경주에서 호랑이가 잡힌 이후로 더는 관찰되지 않고 있다. 북한이나 중국, 러시아에는 호랑이가 살고 있으나, 우리 땅에서는 동물원에서나 볼 수 있다.

'보일 듯이 보일 듯이 보이지 않는'으로 시작하는 노래의 주인공 따오기는 우리나라는 물론 일본에서도 자취를 감추었다. 최근 중국에서 따오기를 들여와 국내에서 사육하는 중이다. 그런가 하면, 어류의 일종인 종어도 1982년 임진강 하류에서 발견된 이후 사라져 이 역시 중국에서 몇 개체 들여와 개체 증식을 시도하였다. 벌레잡이말은 물속에서 살아가는 수생식물인데, 최근 20~30년간 채집기록이 없으며, 수원 서호에서 채집되었던 서호납줄개도 더 이상 발견되지 않고 있다.

쾌청한 생물다양성의 미래를 위하여

생물다양성의 미래는 어떻게 전개될까? 현재에도 제6의 절멸이라고 할 정도로 빠른 속도로 생물들이 사라지고 있는데, 앞으로 이러한 추세가 줄어들 것이라고 자신있게 말할 수 있을까?

지구 전체적으로 온난화현상이 심각해지고 있다. 코스타리카의 몬테베르데 삼림보호지구에서만 발견되던 황금두꺼비가 이러한 지구온난화 피해로부터 비켜가지 못한 것 같다. 1966년 처음 발견되어, 1987년 조사 때만 하더라도 수백 마리가 있었으나, 1988년에는 10여 마리로 줄어들었다가, 1989년 수컷 한 마리가 발견된 이후 자취를 감추어 지구온난화로 인해 절멸한 것으로 간주하고 있다. 지구온난화로 이들의 번식시기에 가뭄 현상이 지속되었고, 알을 낳더라도 올챙이로 자라지 못한 것이다.

사냥이나 채취와 같은 인간 활동으로 인한 직접적인 피해는 앞으로 현저하게 줄어들 것으로 예상하고 있으나 인구의 증가에 따른 서식지 파괴는 앞으로도 지속될 것이다. 또한 오염물질로부터 야기된 지구온난화와 같은 2차 피해는 급증할 것으로 예상되고 있다.

한편, 생물의 역사를 살펴볼 때, 생물들이 환경에 적응하지 못하여 절멸하는 과정은 매우 자연스러운데, 인류가 왜 이러한 생물에게도 관심을 가져야만 하는 것일까? 생물들이 환경에 적응하지 못하여 절멸하는 속도에 비해, 인구의 증가로 인한 서식지 파괴나 사냥, 또는 오염물질의 배출 때문에 생물이 절멸하는 속도가 훨씬 빠르다는 점은 이미 살펴보았다. 한때 인간은 만물의 영장이기에 모든 자연은 인간을 위해 존재할 것이라는 심각하게 왜곡된 환상 속에서 살아오기도 하였다. 그러나 인간 역시 환경을 이루는 한 구성요소이자 다른 생물들과의 상호작용을 통하여 생존할 수밖에 없다는 사실을 인지한다면, 우리가 왜 생물들의 보전에 노력해야 하는지를 이해할 수 있을 것이다.

보전생물학자들이 이에 대한 대책 마련에 고심하고 있다. 어떤 이는 생물 종 하나하나부터 보전해야 한다고 주장하고, 다른 이는 생물 종 자체보다는 생물들이 살아가는 생태계부터 먼저 보전해야 한다고 한다. 또 어떤 이는 생물들이 지닌 유전적 변이를 조사하여 유전자다양성이 높은 개체 또는 개체군을 우선적으로 보전해야 한다고 주장하고 있다.

인간도 지구상에 존재하는 생물다양성의 한 부분이다. 많은 생물들이 있기에 인간도 존재할 수 있는 것이다. 사람들이 살아갈 때 수많은 친구들을 만나고 살아간다. 이때 다쳐서 힘든 친구를 열심히 도와주는 것도 중요하지만 많은 관심과 친절로 친구가 다치지 않게 우선 배려하듯이, 우리들의 자연 친구들이 다치지 않게 먼저 보살펴주어야 할 것이다. 친구들이 사라지면 혼자서는 살기가 힘들 것이다. 따라서 친구를 도와주는 것이 바로 나를 위한 일임으로 알아야 할 것이다.

생물들은 생물이라는 환경과 비생물이라는 환경 사이에서 균형을 맞추면서 살아간다. 이러한 환경 속에서 적응하지 못하면 자연스럽게 지구상에서 사라질 것이고, 다시는 이 땅에서 볼 수가 없다. 자연 속에서 생물들이 살아가도록 하기 위해서는 자연을 있는 그대로 유지하는 것이 최선일 것이다. 물론 인구 증가에 따라 요구되는 최소한의 공간을 개발하는 것은 피할 수 없을 것이다. 하지만 그 이상은 피해야 할 것이다. 있을 때 잘하라는 말처럼, 현재 상태에서 이들을 보전할 수 있도록 해야 할 것이다.

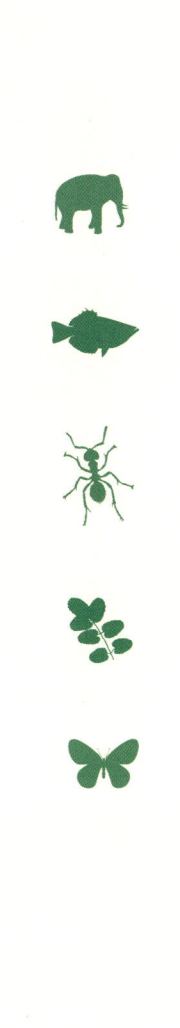

생물다양성은 우리 삶에 어떤 혜택을 줄까?
- 생물다양성과 생태계서비스

박상규 (아주대학교 자연과학부 교수)

서울대학교 식물학과를 졸업하고, 캘리포니아대학교 데이비스분교에서 이학 박사학위를 받았다. 현재 아주대학교 자연과학부 교수로 있다. 현재 한국생태학회지에서 발행하는 연2회간 잡지인 《생태(The Ecological Views)》의 편집장을 맡고 있다.

우리는 다양한 생물들과 함께 생태계를 이루며 살아가고 있다. 우리 나라뿐만 아니라 전 세계에서 생물들이 살아가는 장소(동물 서식지와 식물 생육지)가 아파트, 운하나 댐의 건설, 기타 토목공사 및 개발 등으로 사라지면서 그곳에 살던 많은 생물들이 한꺼번에 자취를 감추고 있다. 또한 잦은 왕래와 무역 등으로 다른 지역이나 나라에서 들어오는 외래종 때문에 이미 자리 잡고 있던 생물들이 사라지거나 줄어들었다. 게다가 사람들의 소비를 위해 마구잡이로 생물들을 잡아 죽이고 있다. 이러한 서식지와 생육지의 파괴, 외래종 및 남획 등에 의해 많은 생물들이 사라지거나 줄어들고 있는데 이를 '생물다양성의 감소'라고 한다.

생물다양성이 줄어들면 우리 생활에는 어떤 영향이 미칠까? 생태계를 이루는 생물들은 사람들에게 어떤 혜택을 주고 있을까? 이러한 질문에 대해 답할 수 있게 도와주는 것이 바로 생태계서비스 개념이다. 생태계서비스란 한마디로 생태계가 사람에게 제공하는 서비스를 말한다. 이러한 생태계서비스와 생물다양성과의 연관성을 알아보면서 이들이 우리 삶에 주는 혜택에 대해 살펴보자.

생태계란?

우리 주변에서 생태계 파괴를 자제하고 생태계를 지키자는 말은 많이 하지만 정작 생태계가 무엇인지 질문한다면 자신 있게 설명할 수 있는 사람은 별로 많지 않다.

생태계라는 용어는 생태계 생태학에 지대한 공헌을 한 오덤(E. P. Odum)에 의해 1960년대 이후로 널리 쓰이는 말이다. 생물이 포함된 자연을 하나의 열린 시스템으로 보고 생물뿐만 아니라 에너지와 물질까지도 포함하는 개념이다. 따라서 어떤 지역의 생태계라 할 때 그 지역에 살고 있는 여러 생물들과 함께 돌고 도는 에너지와 물질까지 모두를 가리킨다. 그럼에도 불구하고 어떤 생태계에서 가장 핵심적인 부분은 생산자와 소비자 및 분해자와 같은 생물들이며 이러한 생물들에 의해 대부분의 에너지와 물질이 순환한다. 따라서 생태계가 하는 일(생태계의 기능)은 대부분 생물들에 의해 이루어진다.

생물다양성과 생태계의 기능

생물다양성이 생태계가 하는 일(기능)과 어떤 관계가 있는지에 대한 대답을 하기 위해 생태학자들은 우선 생태계 전체의 기능을 나타내는 특성이 무엇인지를 찾아보았다. 생태계 특성으로 알려진 1차생산성, 호흡, 에너지 흐름 등이 생물다양성이 높은 생태계가 그렇지 않은 생태계보다 더 안정한지 어떤지에 대한 연구는 몇십 년 동안 생태학자들의 관심을 끈 주제였다. 이를 생태계의 복잡성과 안정성의 문제라고 부른다. 생태계가 안정하다는 것은 태풍이나 가뭄 같은 교란이 외부에서 왔을 때 생태계의 기능을 잃지 않고 또 잃었더라도 빨리 회복하는 것을 말한다.

만약 종다양성이 높은 생태계가 종다양성이 낮은 생태계보다 더 안정하다면 생물다양성을 보존해야만 생태계가 붕괴되지 않고 그 기능을 유지할 수 있기 때문에 인류의 생존에도 매우 중요한 이슈가 된다. 이러한 생물다양성, 즉 복잡성과 생태계 안정성에 대한 가장 유명한 연구는 미국의 틸먼(D. Tilman)이 미네소타 주의 시더크리크(Cedar Creek) 장기생태연구지에서 1982년부터 장기간 수행한 연구이다. 틸먼은 이 연구에서 초본식물의 종수가 많은 곳일수록 가뭄 등에도 수확량이 크게 줄지 않아, 다양성이 높은 생태계가 교란에 대한 내성이 강하고 안정성이 높음을 보였다.

수많은 실험과 연구결과를 바탕으로 현재에는 생물다양성이 생태계 기능의 유지 즉 안정성에 중요한 기여를 한다는 것이 널리 받아들여지

그림 1 | 미국 미네소타주 시더크리크 장기생태연구지의 틸먼의 실험장소 전경

고 있다.

　그러면 생물다양성은 어떻게 생태계의 안전성에 기여할까? 에드워드 윌슨에 따르면 보험원리라는 것이 있다. 만약 어떤 종이 사라졌을 때 그 역할을 대신할 경쟁자가 많다면 생태계의 기능은 큰 변화가 없

을 수 있다. 어떤 큰 호수가 있다고 하자. 우리 눈에는 검정말, 부들, 물고기, 물새, 잠자리 등만 보이지만 그 외에도 사람이 볼 수 없는 수 없이 다양하고 많은 수의 세균, 원생동물, 플랑크톤 등이 호수 생태계를 이루며, 큰 생물의 몸을 분해하고 영양소를 순환시키며 에너지를 흐르게 한다. 높은 생물다양성이 서로 먹이그물을 이루며 얽혀 있는 생태계는 어떤 종이 사라지거나 수가 줄어도 보험원리에 의해 생태계 전체의 물질 순환과 에너지 흐름은 안정되게 유지될 수 있다.

생태계서비스란?

생물군집과 생태계가 사람들에게 필요한 서비스를 제공한다는 생각은 오래전부터 있어왔지만 생태학 및 경제학 등 현대적인 학문에 의해 개념이 제안된 것은 최근이다. 1997년에 데일리(G.C. Daily)가 생물군집이 중심인 자연 생태계가 사람의 삶에 필요한 것을 채워주는 서비스를 제공한다는 의미로 생태계서비스(ecosystem services)라는 말을 제안하였다. 이러한 생태계서비스에는 토양침식 억제, 수질정화, 꽃가루받이, 야생동물 서식지, 해충방제를 대표적으로 들 수 있다. 최근에 상영된 〈꿀벌 대소동(Bee Movie)〉에서 벌들이 일을 하지 않자 모든 식물들이 번식을 못 하게 되는 장면이 이러한 생태계가 제공하는 서비스의 한 사례를 잘 보여주고 있다.

생태계서비스를 쉽게 이해하기 위해 이 말을 처음 주장한 데일리의 설명을 옮겨보자. 데일리는 생태계서비스의 가치를 이해하기 위한 가상의 예로 달에서 사람이 산다면 필요한 것이 무엇일지 생각해보자고 하였다. 이미 달에는 지구와 비슷한 대기가 조성되고 기후가 준비되어 있다고 가정한다면, 친구들을 초대하고, 가재도구를 챙기며 책도 옮겨야 할 것이다. 그 다음 질문은 지구상의 수많은 생물들 중 어떤 종을 옮겨야 하는가이다. 우선 생활에 직접적으로 필요한 먹을 것, 마실 것, 향료, 섬유, 목재, 약재, 원자재(왁스, 고무, 기름 등)와 관련된 종들을 고르게 될 것이다. 꼭 필요한 종들만 고르더라도 여기에 관련된 종의 수는 수백 수천 가지일 텐데, 이들 종들이 살아가는 데에는 또 다른 수많은 종들이 더 필요하다. 이런 종들을 다 합해서 사람의 생활에 얼마나 많은 종들이 필요한지, 다시 말해서 어느 정도의 생물다양성이 필요한지는 현재로서는 계산이 불가능하다. 때문에 필요한 종들을 알아보는 것보다는 달 기지에 사람이 사는 데 꼭 필요한 서비스가 무엇인지 알아보는 것이 낫다.

생활에 직접적으로 필요한 물자를 생산하는 것 이외의 이러한 서비스의 예는 아래와 같다.

- 공기와 물의 정화
- 홍수와 가뭄 줄이기
- 쓰레기의 분해와 독성 없애기
- 농작물을 포함한 식물의 꽃가루받이
- 농업 해충 막기

- 종자 퍼뜨리기와 양분 옮기기
- 생물다양성의 유지
- 태양의 해로운 자외선 막기
- 기후의 안정화
- 이상기온 막기 및 바람과 파도 만들기
- 다양한 문화
- 사람의 정신을 깨우는 아름다움과 지적인 자극

이러한 서비스 목록을 염두에 두고 각 서비스에 대해 어떤 생물이 필요할지 생각해볼 수 있을 것이다. 하지만 이 작업은 간단하지가 않다. 예를 들어 영양분이 많은 흙을 이루는 생물을 보자. 흙 속의 토양미생물은 중요한 영양분들의 형태를 바꾸어 식물이 이용할 수 있게 해주는데 이러한 토양미생물의 수는 어마어마하다. 덴마크의 초지에서 조사된 바에 의하면 약 $1m^3$의 흙 속에 약 5만 마리의 지렁이들과 토양곤충들, 그리고 약 1,200만 마리의 선충이 산다. 그 외에도 1g의 흙 속에는 3만 개체의 원생생물, 5만 개체의 조류, 40만 개체의 곰팡이, 그리고 세균 10억 마리가 살고 있다. 과연 이 중에서 어떤 종류를 달에 데려가야 할까? 이 모든 종류의 생물종이 다 필요할까? 아니면 어떤 특별한 종들이 더 중요할까? 이에 대한 연구가 진행되고 있지만 틀림없는 사실은 매우 많은 종들이 필요하리라는 것이다.

생물다양성, 생태계의 기능 및 생태계서비스

생태계서비스는 생태계의 기능과 비슷하게 생각될 수 있지만 생태계의 기능을 바로 생태계서비스로 말하는 것은 적절하지 못하다. 어떤 경우에는 생태계서비스 한 가지를 여러 생태계의 기능이 모여서 제공하기도 하고, 또 다른 경우에는 기능 한 가지가 여러 생태계서비스를 제공하기도 한다. 예를 들면 생산자인 식물과 조류들이 태양에너지를 이용하여 만드는 물질의 양인 1차생산성은 사람들에게 필요한 식량과 물자를 공급한다. 또한 먹이그물의 에너지를 제공함으로써 다른 생물들을 유지시키는 서비스를 하는가 하면, 이산화탄소를 대기 중에서 식물 체내로 옮겨감으로써 탄소순환을 조절하는 기후조절서비스를 하기도 한다.

   생물다양성은 보통 생물종의 수로 표현하는 경우가 많다. 하지만 같은 종수라도 매우 다양한 종들의 조합이 있을 수 있다. 한 지역 내에 사는 종들의 목록과 그 상대적인 비율을 종조성이라고 한다. 생태계서비스나 생태계의 기능을 이야기할 때에는 종수보다는 종조성이 무척 중요하다. 특히 가장 많은 수나 양을 차지하고 있는 우점종에 따라 생태계의 기능과 서비스가 달라진다. 따라서 생태계서비스를 유지하고 보존하려면 종수를 최대한 많이 만들기보다는 자연적인 생태계의 종조성을 복원하고 보존하는 것이 중요하다. 생태계서비스의 큰 변화를 일으키는 것은 생태계에서 어떤 종들이 사라지거나 침입하여 생물간의 상호작용이나 생태계의 기능을 교란하는 경우를 들 수 있다. 예를 들면, 열대의 산호초는 수많은 생물종들을 살게 해주는 생물다양성의 보고인데, 이 산호초에서 핵심적인 상호작용은 산호충(동물)과 광합성조류와의 공생이다. 기후변화와 오염 등 여러 가지 이유로 광합성조류가 죽는 백화현상이 생기면, 공생동물인 산호충도 죽게 되고 산호초 생태계는 제 기능을 못해 이곳에 살던 많은 생물들이 서식처를 잃어버린다.

각종 생태계서비스

생태계서비스는 보통 물자서비스, 문화서비스, 부양서비스, 조절서비스로 나눌 수 있다. 생물다양성은 물자서비스와 문화서비스를 직접 제공하지만, 부양서비스와 조절서비스는 생태계의 기능을 통해 간접적으로 제공한다.

생태계의 물자서비스

사람은 생태계로부터 식량, 물, 목재, 섬유, 해산물, 유전자원, 약물 등을 얻는다. 이러한 물자는 모두 생물다양성으로부터 직접 나온다. 오래전부터 사람은 음식과 의복, 그리고 주거를 위해서 많은 종류의 식물과 동물을 이용하고 길들여왔다. 전세계 인구 중 약 26억 명이 농업이나 목축업, 임업이나 수산업에 종사하면서 생태계로부터의 물자에 의존하고 있다.

식량

사람에게 필요한 곡물과 채소, 육류 등을 생산하는 주요 작물과 가축 몇 종만 있으면 먹거리 걱정이 없을 거라고 생각할 수도 있다. 그러나 이러한 작물과 가축들은 모두 자연생태계의 수많은 식물과 동물 중에서 선택되어 사람의 손으로 육종된 것들로 생물다양성이 없었다면 애초에 현재의 작물과 가축들도 생겨나지 못했을 것이다. 앞으로 이용할 새로운 작물도 또한 자연의 생물다양성으로부터 가능할 것이다.

이런 예로 옥수수를 살펴보자. 현재 옥수수(*Zea mays*)는 1년생식물로 가을에 열매를 만들고 죽는다. 매년 새로 심어야 하기 때문에 농부들은 한 번만 심어도 되는 다년생 옥수수를 희망해왔다. 식물학자들은 1978년에 옥수수와 가까운 다년생 테오신테(*Zea diploperennis*)를 발견하고 옥수수와 교배시켜 다년생 옥수수를 만들어냈다. 이외에도 사람들을 위한 새로운 식량이 자연에 있는 다양한 생물로부터 개발될 것이다. 또한 아직도 재배나 양식, 목축이 불가능한 버섯류, 해산물, 열대과일 등을 자연생태계가 제공하고 있다. 특히 열대지방 사람들은 이러한 자연생태계의 물자서비스에 더욱더 의존하고 있다. 우리나라를 포함한 세계의 많은 지역에서 잡은 물고기를 주 단백질 공급원으로 이용하고 있는데, 최근의 물고기 수확량의 감소는 이들 지역의 단백질 섭취에 큰 영향을 미치고 있다.

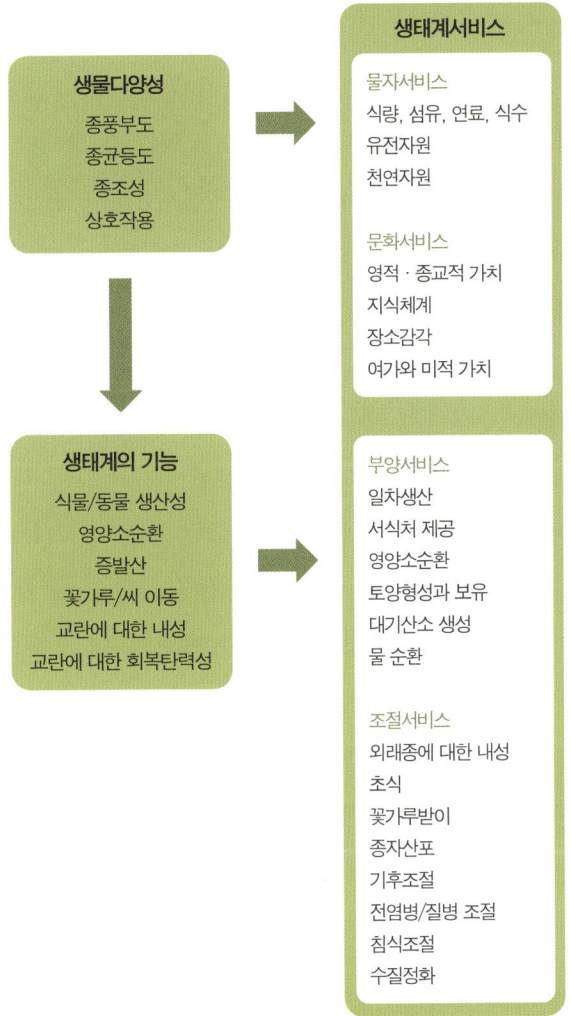

그림 2 | 생물다양성과 생태계서비스의 관계. 생물다양성은 물자와 문화적 서비스를 직접 제공하고 생태계의 기능을 통하여 부양 및 조절 서비스를 간접적으로 제공한다.

물

생물다양성은 물이 순환하면서 그 양과 질을 유지할 수 있도록 한다. 사람에게 물은 물자서비스이겠지만 다른 생물들을 살리므로 부양서비스도 되고, 또한 수질을 정화시키는 작용은 조절서비스가 되기도 한다. 풀들은 지표의 물이 하천으로 흘러가는 속도를 늦추어서 땅속으로 스며들게 하고, 숲은 비가 올 때 완충역할을 하여 빗물이 천천히 낙엽층과 흙으로 흡수되도록 한다. 숲이 잘 발달한 곳에서는 식물의 뿌리가 흙을 붙들어주어 흙은 빗물을 흡수했다가 서서히 개울과 강으로 흘려 보낸다. 숲이 하천에 어떤 영향을 주는지는 라이켄스(G. Likens)가 허바드 브룩이라는 지역에서 행한 완전벌목실험에서 극명하게 알 수 있다. 나무를 완전히 벤 뒤 제초제를 뿌려 식물이 몇 년 동안 자라지 못하게 한 골짜기에서는 비가 왔을 때 빗물이 하천으로 빠르게 빠져나간 반면, 숲이 있는 곳에서는 훨씬 천천히 흘러갔다. 1990년대에 아프리카와 아시아, 남미의 개발도상국에서 홍수로 10만여 명이 죽고 3억 2천만 명이 이재민이 되었는데, 최근 연구에 따르면 10%의 숲이 사라지면 홍수 위험이 4%에서 최고 28%까지 증가한다고 한다.

천연약물

천연약물의 대부분은 식물과 곰팡이와 같은 생물들로부터 나온다. 식물과 곰팡이는 땅에 붙어살기에 자신의 생존을 위해 수십만 가지의 천연물질을 만들어냈으며, 사람들은 오랜 경험을 통해 이를 질병치료를 위한 약물로 이용해왔다. 원주민들이 전통적으로 축적한 약용식물에 대한 이러한 민속식물학 지식을 이용하여 많은 현대적인 치료약물이 개발되었다. 그 대표적인 예가 암치료제인 빈블라스틴(vinblastine)과 빈크리스틴(vincristine)으로 마다가스카르에 있는 협죽도과 식물인 빙카(*Catharanthus roseus*)에서 추출되었다. 마다가스카르 원주민들은 이 식물을 전통적으로 당뇨병, 지혈제, 안정제, 혈압강하제, 감염 치료제로 써왔다. 이 식물에서 개발된 항암제가 나오기 전까지 주로 젊은이들에게 발병하는 호지킨병과 아이들의 급성백혈병은 거의 불치병에 가까웠으나 현재는 거의 대부분 고칠 수 있다.

우리는 얼마나 많은 의약품들을 생물다양성에 의존하고 있을까? 세계에서 가장 널리 사용되는 약 중 하나인 아스피린은 버드나무류(*Salix alba*) 껍질과 장미과의 터리풀 종류(*Filipendula ulmaria*)에서 발견된 살리실산에서 유도된 아세틸살리실산으로 만든다. 약국에서 팔리는 모든 처방약의 1/4은 식물에서 추출된 것으로 총 40% 정도가 생물에서 유래한 천연물이다. 전세계에서 사용되는 119가지 순수약물 중에서 무려 88가지나 원주민들의 민속식물학적 지식을 실마리로 개발된 것은 무척 놀라운 사실이다. 하지만 이러한 민속식물학적 지식은 원주민들의 터전이 개발되고 농경지나 도시로 이주하면서 빠르게 사라지고 있다. 보르네오의 페난인들은 과거 숲에서의 생활을 접고 마을에 정착하였는데, 빠른 속도로 옛 기억을 잃어가고 있다. 그들의 선조들은 어떤 나비종이 출현하면 언제나 멧돼지떼가 나타난다는 사실을 알고 성공적으로 사냥을 할 수 있었으나 현재는 거의 대부분의 원주민들이 그것이 어떤 나비종인지 모른다고 한다. 한편 선진국들이 민속식물

ⓒ연합뉴스

그림 3 | 울산대학교 박물관팀의 실측 조사에 따라 모두 296점의 그림이 확인된 반구대암각화를 다시 조각한 그림.

학 지식을 이용해 열대지방의 식물로부터 신약개발을 독점하자, 이러한 자원착취를 막기 위한 노력이 생물다양성협약의 배경이 되었다.

생태계의 문화서비스
생태계의 생물다양성은 사람들에게 정신적인 풍요, 성찰, 여가활동, 미적 경험 등 무형의 혜택을 주며 이를 문화서비스라고 한다.

영적·종교적 가치
사람의 영적·종교적인 믿음이나 풍습 등은 자연과 밀접한 관계 속에서 생겨난 경우가 많다. 예를 들면 우리나라의 단군신화에 나오는 곰과 호랑이, 마늘과 쑥 등이 대표적이다. 그중 곰은 우리 민족의 기원으로 상징화될 정도로 친밀하게 여겨져왔다. 그 외에도 울산의 반구대 암각화에는 바다동물, 육지동물, 사람, 배, 그물 등 여러 그림들이 새겨져 있다. 특히 고래가 58개나 그려져 있어 울산 앞바다에 옛날에 많은 고래들이 서식했다고 여겨지고 있으며, 고래를 숭배하는 고래 토템신앙에 대한 연구도 한창 진행되고 있다.

문화적 역사

어떤 지역에서만 볼 수 있는 독특한 고유한 풍경들이 있다. 예를 들면 초원 언덕에 민들레가 이곳저곳 피어 있는 것은 남부 독일의 알게우 지방의 이러한 자연풍경은 사람들의 문화와 어우러져 문화풍경을 이루며, 사람들은 자기 지역의 풍경에 감정적인 유대감을 가진다. 우리나라에서 '마을'이라고 부르는 것은 사람이 자연을 이용한 결과, 숲, 무덤, 집, 밭, 개천, 논 등의 모자이크 경관을 이루면서 생물다양성과 문화다양성이 조화를 이루는 풍경을 보여준다.

생태계의 생물다양성에 따라 각 지역의 음식, 주거, 문학 등 문화의 다양성이 달라진다. 제종길 도시와 자연 연구소 소장에 따르면 우리나라의 모래갯벌, 뻘갯벌, 사구, 해빈, 바위해안 등 다양한 바닷가 생태계에서 연체동물의 다양성이 풍부해 지역마다 독특한 음식들이 발전했고, 같은 재료도 여러 가지 방식의 요리법을 활용해 다양한 음식문화를 만들어왔다.

ⓒ Andreas Pechan

그림 4 | 독일 알게우 지방의 풍경

지식체계

사람의 지식체계는 자연과 생물에 대한 지식으로부터 생겨났다. 아리스토텔레스는 동물의 분류체계를 만들어 척추동물(피를 가진 동물)과 무척추동물(피가 없는 동물, 아리스토텔레스는 무척추동물은 피가 없다고 생각했다), 척추동물은 다시 새끼를 낳는 동물과 알을 낳는 동물로 나누었다. 무척추동물은 곤충, 갑각류, 연체동물로 나누었다. 이러한 생물의 분류체계는 린네에 이르러 라틴어로 된 학명을 부여하면서 무역에 표준이 되는 명명법으로 쓰이게 되었고, 이는 전 세계적으로 받아들여지고 있다. 하지만 아시아나 아프리카, 아메리카에서는 각 지역마다 고유한 분류체계를 지니고 있고 현재까지 전해져 내려온다. 레비스트로스는 『야생의 사고』라는 책을 통해 원주민들이 주위의 동식물을 수백 종류나 체계적으로 나름의 지식체계를 통해 분류했음을 밝히고 있다. 이 책에 따르면 하누노족은 그 지역에 서식하는 조류를 75개의 범주로 분류하고 있다. 뱀 12종류, 어류 60종류, 담수와 해수에 사는 갑각류 12종류, 거미와 지네류 다수, 그리고 수많은 곤충들이 108개의 명칭으로 분류되고 있다. 그중 13종류가 개미와 흰개미이며, 60종류 이상이 바다 연체동물, 25종류 이상이 육지 민물에 사는 연체동물, 그리고 거머리가 4종류이다. 그래서 도합 461종류의 동물이 기록되어 있다.

영감과 아이디어의 원천

또한 자연과 생태계는 영감의 원천으로 다빈치가 새의 날개로부터 비행기를 상상하게 된 것은 유명하다. 왜 사람들은 자연과 생물들로부터 새로운 생각과 영감을 끊임없이 공급받을까? 그것은 과거 수억 년에 걸쳐서 생물들이 살 곳을 찾거나 먹이를 구하고, 기생체나 세균과 싸우는 등 여러 가지 생존의 문제에 대해 이미 해결책을 찾은 경우가 많기 때문이다. 우리는 다른 생물과 자연으로부터 겸허하게 배울 것이 매우 많다. 바다의 연체동물이 만드는 아름다운 조개껍질을 본따 생체재료를 개발하고 있고, 거미줄로부터 새로운 섬유에 대한 아이디어를 얻고 있다. 또 곤충들의 움직이는 방식으로부터 새로운 로봇 디자인의 영감을 얻기도 한다.

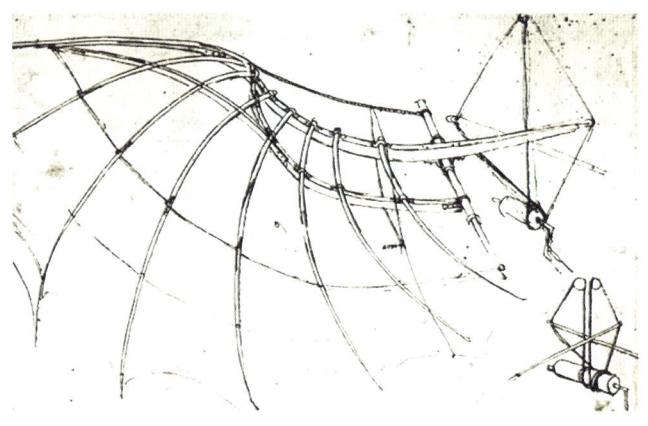

그림 5 | 다빈치의 비행기 스케치. 새의 날개를 닮았다.

미적 가치 및 여가 · 관광

사람들은 왜 자연에 가까이 가면 아름다움을 느끼고 마음이 편안해질까? 창문 밖으로 넓은 들판이나 바닷가를 볼 수 있는 환경에서 수술한 환자가 더 빨리 회복하고, 감옥에서도 인근의 농장이나 숲을 창으로 볼 수 있게 한 재소자가 교도소 마당을 본 재소자에 비해 스트레스 관련 증상이 적게 나온다고 한다. 윌슨은 『생명의 미래』라는 책에서 사람은 자신이 사는 곳으로 자연환경 특히 사바나 같은 초원이나 공원, 바다, 호수, 강과 같은 물가를 특히 좋아하는데, 이는 진화적으로 호모 사피엔스 즉 사람이 아프리카의 사바나와 중간지역 숲에서 기원했기 때문이라고 설명한다. 윌슨은 또한 사람은 진화적으로 자연을 사랑하고 생물들을 좋아하는 본능을 가졌다고 주장하고 이를 '생명애(biophilia)'로 불렀다.

생태계의 부양서비스

생태계는 또한 이 지구상에 있는 모든 생물이 살아갈 수 있게 도와주는 부양서비스(supporting service)를 제공한다. 이러한 부양서비스에 해당되는 것으로 생태계는 1차생산성과 서식지/생육지를 제공하고 영양소를 순환시키며, 토양을 형성하고 보유하며 공기 중의 산소를 만들며 물을 순환시킨다.

1차생산성 과정에서 만들어진 탄수화물은 사람을 포함한 먹이그물 내의 모든 생물들이 기본에너지로 이용하며 살아갈 수 있게 도와준다. 식량을 제공하는 작물의 꽃가루받이가 이루어지려면 벌과 같은 꽃가루받이 생물(수분자)들이 필요하며, 수분자들은 식물이 만들어낸 물질의 양(1차생산성)에 의존해서 살아간다. 우리가 먹는 참치는 궁극적으로는 먼 바다의 식물플랑크톤이 만들어낸 물질의 양(1차생산성)이 먹이그물을 통해 전달된 에너지에 의해 생존한다.

우리가 먹는 쌀의 생산은 적절한 토양이 제공되어야 하고 토양 내의 영양소가 충분해야 하며, 이를 위해서는 토양형성과 영양소순환이 필수적이다. 토양은 식물의 유기물 분해와 모암의 무기물 풍화가 어우러져 만들어지며, 1cm의 표토가 만들어지는 데 100년이나 걸릴 정도로 오랜 시간이 걸린다. 토양 내의 영양소가 순환하는 과정에는 수많은 토양미생물들이 유기물을 각종 식물이 이용할 수 있는 형태의 무기물로 분해시키고 형태를 변환하는 것에 크게 의존한다.

이러한 1차생산성과 영양소순환, 토양형성 외에도 생태계는 물의 순환에 기여하고 모든 생물들의 서식지와 생육지를 제공한다.

생태계의 조절서비스

생태계는 지구의 자연적인 균형이 유지되게 하는 서비스로 기후 및 공기와 물의 질, 생태계의 교란을 막아주는 조절서비스를 제공한다. 이러한 조절서비스에는 기후조절, 수질정화, 꽃가루받이, 해충과 질병 방지, 외래종 방지, 침식예방 등이 있다.

기후조절

생물다양성이 높은 생태계는 다양한 되먹임(feedback)을 통해 기후조절을 돕는다. 숲이 없고 땅이 드러난 곳이 빙하가 없는 땅의 약 70%를 차지하는데, 이런 장소에서는 햇빛의 반사율(알베도, albedo)이 높다. 다양한 식물로 이루어진 곳에서 햇빛의 흡수가 더 많이 일어나기 때문에 알베도는 떨어지고 기온상승을 줄여준다. 또한 다양한 식물로 구성된 숲에서는 대기와 숲 사이의 물, 열, 이산화탄소가 교환되는 효율이 더 높아 물이 덜 증발하고, 따라서 하천으로 흘러들어가는 물도 많아진다.

한편 많은 식물로 이루어진 생태계는 공기로부터 이산화탄소를 흡수함으로써 이산화탄소 증가를 줄여준다. 식물 중에서 특히 나무들은 이러한 이산화탄소 흡수에 중요한데, 이들은 많은 이산화탄소를 흡수하고 더 오래 살며 분해가 풀들보다 느리기 때문이다.

수질정화

금속, 바이러스, 기름, 토사 등은 습지나 숲, 강변의 식물을 통과하면서 정화된다. 이런 생태계의 수질정화서비스 덕분에 사람들과 야생 동물들은 깨끗한 물을 마실 수 있고, 사람들이 여가를 즐기며, 산업에 물을 이용할 수 있다. 미국생태학회의 자료에 의하면 습지는 물속의 금속을 20~60% 정도 없앨 수 있고, 흘러들어오는 토사의 80~90%를 붙잡고 가라앉게 만들며, 들어오는 질소의 70~90%를 없앨 수 있다. 또한 강변숲은 주변의 땅에서 강으로 흘러들어가는 질소를 90%까지 막을 수 있고, 인은 50%까지 없앨 수 있다.

하천이나 호수 주변의 오염이 심해지고, 또한 도로포장, 강의 수로화, 강변숲 감소, 외래종 침입 등에 의해 생태계의 수질정화서비스가 제 기능을 못하면 너무 많은 영양소들이 물로 들어오게 되어 남세균 등 조류가 녹조를 일으키고 수질이 나빠진다. 우리나라를 포함해서 전 세계적으로 녹조 등 수질오염 문제를 해결하기 위해 막대한 예산을 쓰고 있으나 우리 주변의 물은 점점 더 오염이 심해지고 있다.

꽃가루받이

꽃가루 하면 알레르기를 연상하는 사람들이 많겠지만, 꽃가루를 식물의 암술로 옮겨 씨와 열매를 맺게 하는 꽃가루받이는 생태계와 사람들의 삶에 매우 중요하다. 일부 식물들은 자가수분이나 풍매화이긴 하지만 꽃식물 중 70% 이상이 꽃가루받이 생물이 필요하다. 이러한 꽃가루받이 생물에는 무척추동물로는 벌, 나방, 나비, 딱정벌레, 파리 등이 있고, 척추동물로는 새, 포유류, 파충류 등이 있다. 꽃가루받이 생물은 사람이 쓰는 식량, 섬유, 식용유, 약물추출 등에 쓰이는 식물 중

약 30%의 생산에 필수적이다. 농업생산에서 가장 중요한 꽃가루받이 생물은 꿀벌인데, 미국생태학회의 자료에 따르면 농부들은 꿀벌 등 자연의 벌들로 부터 매년 30억 달러 이상의 서비스를 공짜로 받고 있다.

돈으로 환산할 수 없는 가치들

이러한 생태계서비스의 가치를 돈으로 환산하는 것에 대해 많은 논란이 있지만, 코스탄자(R. Costanza)는 1997년에 전 세계의 생물권은 최소한 연간 약 33조 달러에 해당하는 서비스를 제공한다고 추정한 적이 있다. 이 당시 전 세계 국민총생산의 합은 연간 약 18조 달러였다. 이러한 생태계서비스를 돈으로 환산하는 것은 어떤 상황에서 자연을 보존할 것인지 혹은 개발할 것인지를 결정할 때 그 가치를 쉽게 판단할 수 있게 도와주는 장점이 있다. 예를 들면, 미국의 뉴욕시는 최근까지도 다른 지역에 생수를 팔 수 있을 정도로 상당히 깨끗한 물을 이용할 수 있었다. 20세기 후반 사람들이 늘어나면서 숲을 베어내고 집과 농장을 만들고 리조트를 건설하면서 미국 환경보호청의 기준치 이하로 수질이 나빠졌다. 60억에서 80억 달러를 들여 정수장을 만들고 매년 3억 달러의 운영비를 쓸 것인지 아니면 10억 달러를 들여 숲을 복원할 것인지 두 가지 선택이 가능했다. 뉴욕시는 후자를 택했고 아주 싼 비용으로 맑은 물과 쉼터를 다시 찾을 수 있었고 홍수조절도 자연적으로 이루어졌다.

하지만 이런 질문도 가능하다. 생물다양성과 연관된 생태계서비스가 중요하다는 것은 알겠다. 하지만 숲의 모든 생물이 그런 생태계서비스에 과연 필수적일까? 희귀한 꽃이나 이끼가 사라져도 뉴욕시 숲의 수질정화능력은 큰 문제가 없지 않은가? 우리나라 동해에 있는 귀신고래가 43년 만에 다시 나타났다는데 귀신고래 한 종류쯤 사라진다 해도 생태계서비스와 사람의 생존에 큰 영향이 없지 않은가? 그런 질문에는 늘 이렇게 대답하고 싶다. 맞다. 당장 당신의 목숨과는 상관없을지도 모르겠다. 그런데 인간이 꼭 돈이 되는 것이나 쓸모 있는 것만 있다고 살 수 있는 것은 아니다. 당신은 친구가 당신에게 쓸모가 있어서 좋은가? 아니 친구가 아니라 가족이라면 그렇게 경제적인 가치나 나의 생존에 도움을 주는 것, 혜택을 주는 것 등등의 가치를 따질 것인가라고 질문하고 싶다. 다른 생물들은 40억 년을 이 지구상에 함께 살아온 우리의 형제이자 이웃들이다. 그들과 함께 사람은 문화와 종교, 신화를 만들었고, 그들을 써서 집과 음식, 옷을 얻었다. 인류 문명은 자연과 생물, 생태계 없이는 존재할 수 없었고, 앞으로도 없을 것이다. 생물다양성의 해 구호처럼 생물다양성은 우리의 삶이기 때문이다.

생물다양성에 대한 위협

조도순 (가톨릭대학교 생명과학과 교수)

서울대학교 식물학과를 졸업하고, 오하이오주립대학교에서 이학 박사학위를 받았다. 현재 가톨릭대학교 생명과학과 교수로 있다. 유네스코 MAB(인간과생물권계획) 한국위원회 위원, 문화재청 중앙문화재위원, 한국보호지역포럼 위원장으로 활동하고 있다.

생물의 멸종에 미치는 인간의 영향

멸종(extinction)이란 생물 종의 개체군통계학적 실패 또는 유전적 특징의 소실로 인한 진화적 혈통의 종말을 말한다. 개체군통계학적 실패란 그 개체군의 모든 개체가 죽을 때 일어난다. 하나 또는 그 이상의 유사한 종과 교배를 통하여 그 종의 독특한 유전적 특징이 사라지면 유전적 침수라고 하고 이것도 멸종의 하나로 본다. 이에 대비되는 개념이라 할 수 있는 종분화(speciation)는 한 종이 둘 또는 그 이상의 종으로 나누어지는 현상이다.

멸종은 정상적인 진화적 사건의 하나이다. 멸종은 항상 지구 역사의 한 부분이었고 종분화와 멸종의 속도는 크게 다르지 않았다. 그러므로 우리는 멸종을 완전히 막을 수는 없다. 그러나 멸종속도가 종분화속도에 비하여 너무 빠르게 일어나는 일은 막아야 한다. 지구생물권 전체에서 일어나는 대량멸종은 우리 모두가 크게 우려해야 하는 일이다.

지구상의 생물 종수 변화는 생성되는 속도와 멸종되는 속도의 차이로 생긴다. 오랜 진화적 시간을 통해서 종분화와 멸종은 서로 균형을 맞춰왔다. 해양 무척추동물의 경우 정상적인 멸종 및 종분화속도는 1년에 0.05~0.5종 정도이다. 조류의 경우 정상적인 멸종속도는 83.3년에 1종이다. 그러나 멸종속도가 항상 일정한 것은 아니다. 수십만 년 정도의 비교적 짧은 시간 단위로 보면 평균적으로 멸종속도보다 종분화속도가 더 커서 종다양성이 계속 증가하는 것으로 볼 수 있다. 그러나 지구의 전체 역사를 본다면 지구의 종다양성은 몇 번의 대규모 멸종 및 여러 번의 소규모 멸종과 그 뒤 수백 년 동안의 회복과정에 의해서 크게 영향을 받아왔다. 가장 최근의 대규모 멸종은 지금부터 6,500만 년 전인 중생대 백악기 말에 일어났으며 이때 공룡과 일부 연체동물 그룹과 많은 해양 플랑크톤이 멸종하였다.

종분화에 필요한 시간은 생물의 종류에 따라 크게 다르다. 식물에서는 다배체에 의한 신종형성은 매우 빨리 일어나며, 관속식물의 절반 이상은 다배체로 추정되므로 좁은 지역에서도 식물의 신종형성속도는 매우 빠르다고 할 수 있다. 이에 비해 동물은 다배체에 의한 신종형성이 거의 없으므로 주로 지리적 격리나 화산섬 등 새로운 지역에 정착하는 일이 먼저 이루어진다. 그 후 수천 년의 세월이 지나면서 생식적 격리가 이루어져 신종이 만들어지므로 식물에 비해서 종분화속도가 매우 늦다. 현재 지구의 생물다양성 소실은 멸종속도가 급격히 증가하면서 일어나고 있으며 신종형성속도는 지구의 정상속도에 비해서 약간 낮을 것으로 추정된다.

사람들은 구석기시대에 이미 많은 종의 멸종에 관여하였다. 북미대륙에는 마지막 빙하기가 끝난 직후인 1만 1천 년 전만 하더라도 매머드, 마스토돈, 낙타, 검치호랑이, 땅나무늘보 등 대형동물이 살았지만 아시아에서 건너온 원시인들에 의해서 이들은 모두 멸종되었다. 호주대륙이나 뉴질랜드, 하와이 등 태평양의 많은 섬들도 수천 년 전에 인류가 처음 들어가 살게 됨으로써 많은 동물들이 멸종하였다.

산업혁명 이후 많은 동식물이 멸종되었다. 이 기간에는 포유류와 조류의 피해가 컸으며 사람들의 활동이 멸종의 주된 원인이다. 특히 열대림이 파괴되자 아직 연구되지 않아서 학명이 채 붙여지기도 전에 많은 생물종들이 사라지고 있다. 현재는 인간의 활동으로 인한 멸종속도가 자연적인 멸종속도에 비하여 수백 배에서 수천 배까지 빨라지고 있다. 현재 생물의 멸종에는 인간의 직접적인 사냥이나 서식지 파괴, 외래종 도입에 의한 포식, 경쟁, 질병의 증가, 유전적 침수 등 결정적 요인이 큰 역할을 하고 있다. 이 외에도 개체군의 크기가 작아서 생기는 개체군통계학적 우연성 및 환경적 우연성에 의한 추계적 요인으로도 멸종될 수 있다.

생물다양성 감소의 근본 원인

생물다양성의 감소는 가까이는 서식지 파괴, 사냥 등 직접적 요인으로 일어나지만 근본적으로는 과도한 인구 때문으로 볼 수 있다. 그 외에도 빈곤, 부패, 세계화 등이 간접적 원인이 되고 있다.

세계인구는 산업혁명 이후 기하급수적으로 증가해왔고 아직도 그 경향이 꺾이지 않고 있다. 2011년에는 세계인구가 70억을 넘을 것으로 예상되고 있다. 모든 환경문제의 근저에는 인구문제가 있다. 인구가 환경에 미치는 영향은 인구수와 1인당 자원소비량, 그리고 자원의 소비에 따른 환경영향, 이 세 가지를 곱하면 된다. 물론 사냥과 열매채취로 먹고 살던 시절에도 인류가 생물종의 멸종에 영향을 끼쳤으며 농경시대가 시작되면서 더 큰 영향을 미쳤지만 지금처럼 대규모의 멸종이 일어난 것은 아니다. 현재는 인구가 많기 때문에 자원의 수요가 늘고 환경오염이 심해지며 야생동식물의 서식지를 농경지와 도회지로 전환시키는 일이 일어나고 있다.

생물다양성이 높은 열대지방의 가난한 나라에서는 생물다양성을 지키기가 쉽지 않다. 생물다양성과 빈곤의 관계는 복잡하다. 시골의 빈곤한 계층은 야생에서 자라는 동식물로부터 먹을 것, 입을 것, 의약품, 연료 등 생활에 필요한 거의 모든 것을 해결한다. 그러나 빈곤층 사람들은 부유한 사람들에 비해서 1인당 자연자원의 소비량이 낮다. 가난한 사람들은 부유한 사람들이 상아, 코뿔소 뿔 등 야생동식물에 대한 시장을 형성할 때 밀렵을 통해 생물 종수를 감소시키는 데 가담

하게 된다. 빈곤과 부 가운데 어느 것이 생물다양성에 더 피해를 입히는지 판단하는 것은 쉽지 않다. 열대지방에서의 밀렵과 야생동물 고기 판매, 자연림의 불법 벌목 및 농경지 전환 등은 분명 빈곤과 관계가 있다.

제3세계의 여러 가난한 나라에서는 권력이 부를 창출하고 권력자가 법 위에 서는 등 사회의 부패가 만연해 있으며 이는 생물다양성에 큰 해를 끼치게 된다. 열대지방에서 일어나고 있는 불법 벌목은 빈곤층이 많기 때문에 생기기도 하지만, 부패한 정부에서 원시림의 대규모 벌목을 정식으로 허가해 산림의 조림지 또는 농경지로의 전환으로 이어지는 경우도 있다.

생물다양성 면에서 세계화는 장단점이 있다. 자연자원에 대한 국제시장은 벌목과 숲의 파괴를 일으키는 주범이 되기도 하며 반면 환경에 대한 인식을 새롭게 할 수 있는 기회이기도 하다. 다른 나라에서 목재, 팜유(야자기름), 커피, 바이오연료(생물연료) 등의 수요가 늘어나면 자연림이 이러한 단일수종의 조림지로 바뀌면서 생물다양성의 큰 손실이 일어나게 된다. 생물연료는 옥수수나 사탕수수, 유기성 폐기물 등 생물의 바이오매스에서 추출한 재생가능한 에너지로서 화석연료를 대체할 수 있으므로 지구온난화의 저감에는 도움이 되지만 이로 인하여 세계의 곡물이 부족해지고 비싼 유가로 인한 경제성 때문에 열대림이 파괴되는 등 생물다양성의 보전에는 큰 문제가 될 수 있다.

생물다양성 감소의 직접적 원인

서식지 감소

서식지 감소 또는 파괴와 생태계 단편화는 멸종의 주된 원인이다. 육지에서는 모든 종의 반 이상이 열대우림에 산다. 지난 100년 동안 열대우림의 절반이 사라졌고 소실속도가 점점 빨라지고 있다. 특히 초원이나 열대건조림 등 일부 생태계들은 열대우림만큼 빨리 줄어들고 있다. 자연생태계가 농경지, 조림지, 방목장, 도시지역 등으로 전환되면 그 속에 살던 야생동·식물들은 살 곳을 잃고 멸종될 위험이 커지게 된다. 최근의 통계에 의하면 숲의 면적이 증가하는 나라들도 있는데 이를 잘 살펴보면 자연림은 줄어들고 조림지가 늘어나는 등 실제로는 생물다양성에 더 나쁜 방향으로 전환되는 경우가 많다. 특히 기름야자, 고무나무, 바나나, 코코아, 코코넛, 커피, 펄프용 수종 등의 조림지를 만들어 수출을 늘리려는 욕심에 열대지방의 자연림이 점점 사라지고 있다.

서식지의 감소는 해양과 담수생태계에서도 일어나고 있는데 파괴적인 어로방법이나 과도한 어획, 수질오염, 연안개발 등 사람의 활동으로 산호초의 60%가 위협받고 있다. 강 생태계도 댐을 건설하고 수로를 직선화하거나 변경하는 등 광범위한 물리적 변형으로 크게 영향을 받고 있다. 해양은 지구 표면의 2/3를 차지하는데도 육지의 150만 종에 비해 훨씬 적은 30만 종 정도만 조사되어 알려져 있다. 해양의 생물다양성도 육지와 마찬가지로 열대지방에서 매우 높은데 열대의 산호초에 약 10만 종의 생물이 서식하고 있으며 그중 물고기는 지구 전체 해산 물고기의 40%에 해당한다. 종수로 보면 산호초의 파괴가 생물다양성에 미치는 영향이 가장 크지만 면적으로 보자면 저인망어업방식이 가장 심각하다. 저인망어업으로 바다의 바닥이 매년 1,500만km^{2}가 파괴되고 있고, 특히 대륙붕과 같이 생산성이 높은 곳은 평균적으로 매년 2번씩 저인망으로 파괴되고 있는 셈이며, 심한 곳은 1년에 5번에서 50번까지 저인망이 훑고 지나간다. 비가 오면 육지로부터 흘러들어오는 오염된 침전물도 산호초 파괴에 일조한다. 이는 강수량이 많고 산림의 파괴가 심한 곳에서 문제가 많이 되는데 특히 육지의 생물다양성이 높은 동남아시아, 동아프리카, 태평양 동부와 카리브해 지역에 인접한 해역이 큰 피해를 받고 있다.

생태계 단편화

여러 종류의 자연생태계는 그 면적이 크게 줄어들고 있을 뿐만 아니라 남은 곳들도 작은 조각으로 나누어지고 서로 고립되고 있다. 서식지 감소와 단편화는 오늘날 특히 열대림에서 두드러지게 나타나고 있다. 초원과 같은 생태계에서도 열대림처럼 서식지의 단편화가 심각하다. 물론 호수, 산호초, 동굴, 암석지대 등은 원래부터 고립되어 있었기 때문에 그곳의 생물들은 고립된 조각생태계에도 잘 적응하고 있다. 그러나 원래부터 단편화되지 않은 서식지에 살던 동식물들은 작은 조각생태계의 환경에 적응할 수 있는 능력이 없다. 따라서 보전의 초점은 자연히 그러한 연속된 환경에 살던 종에 맞추어지게 된다.

생태계의 단편화란 하나의 크고 연속된 서식지가 여러 개의 작고 고립된 조각으로 나누어지는 현상이다. 이처럼 단편화된 자연 서식지는 일종의 기능적 '섬'으로서 '섬의 생물지리설'의 원리가 적용된다. 이 학설에 의하면 어떤 섬의 생물 종수는 섬의 면적에 비례하고 육지로부터의 거리에 반비례한다. 이렇게 생태계의 단편화가 이루어지면 자연 생태계의 전체 면적이 줄고 조각생태계 사이의 거리가 멀어지고 가장자리효과가 커지며 물리적 환경이 변화되어 동식물의 종류가 줄어들게 된다. 실제로 미국에서 국립공원을 지정한 후 멸종된 포유류를 조사한 결과 국립공원의 면적이 작은 곳에서는 멸종된 비율이 크게 증가한 것이 밝혀졌다.

조각생태계는 크기가 작아질수록 내부 환경보다는 가장자리 환경의 비율이 더 높아지고 아주 작은 조각생태계는 내부 환경이 아예 없다. 번식능력이 높은 고라니, 토끼, 까치 등의 많은 '가장자리 종'은 환경의 변화가 심한 가장자리 환경을 더 좋아하지만, 크낙새나 호랑이 등 보전이 필요한 많은 '내부 종'은 생태계의 가장자리 환경에 적응을 잘 하지 못한다. 숲 생태계의 경우 가장자리는 내부에 비해 햇빛이 많이 들어오고 토양온도도 높지만 바람이 세고 습도가 낮다. 생태계의 내부 환경에 적응된 종이 조각생태계의 가장자리 환경에 노출되면 들고양이, 까치, 병원균 등 기생생물과 포식자의 영향을 크게 받아 멸종되기 쉽다. 생태계의 단편화로 인하여 수가 줄어들고 멸종되기 쉬운 종은 넓은 면적을 필요로 하는 종, 번식능력과 밀도가 낮은 종, 특별한 환경을 요구하는 종 등이다. 예를 들면 미국 서부 산악지대의 노령림에 사는 점박이올빼미는 '내부 종'으로서 벌목으로 숲이 조각나면 살아가기 어렵다. 점박이올빼미는 미국의 '멸종위기종법'의 보호를 받고 있으므로 이 종의 보호를 위하여 넓은 면적의 국유림에서의 벌목이 금지되었고 이로 인하여 큰 논쟁거리가 된 적이 있다.

외래종의 영향

오늘날 지구상의 육지 및 해양의 생물상은 인간의 활동에 의해 수천 종의 이동으로 뒤섞여 있다. 많은 지역의 생물상은 외래종이 우점하고 있으며 그렇지 않은 경우라도 외래종이 상당한 비율을 차지한다. 외래종은 흔히 고도의 침입성을 가지고 있어서 한번 정착하면 그 생태계에 우점하는 경향이 있다. 외래종에 의한 멸종은 대륙에서는 상대적으로 흔하지 않으나 섬에서는 매우 흔히 일어난다.

  섬의 생물상은 육지와는 많이 다르다. 섬은 같은 면적의 육지에 비해 생물 종수가 훨씬 적으며 고유종의 비율이 높다. 한편 섬은 포식동물이나 초식성 포유동물 등 특정한 종류의 생물들이 없는 경우가 많으며 그 결과 날지 못하는 새처럼 독특한 행동을 보여주는 생물들을 흔히 볼 수 있다. 이러한 특징들은 육지에서 멀리 떨어진 고립된 섬에서 잘 나타난다. 뉴질랜드나 하와이군도에서는 80% 이상의 식물종이 다른 곳에서는 찾아볼 수 없는 고유종으로 이루어져 있다. 과거에는 사람이나 포식동물과 접촉한 적이 없어 날아다닐 필요가 없었던 모리셔스의 도도새는 사람과 접촉한 후 멸종되었고 뉴질랜드의 키위새는 현재 멸종위기에 처해 있다. 울릉도에서도 토끼 등 초식성 포유동물이 원래 없었으므로 한반도와는 달리 산딸기나무에 가시가 없으며 지금도 뱀이 없다.

외래종이 새로운 환경에 도입되면 고유 동·식물종의 대규모 멸종을 일으킬 수 있는데 특히 포식동물이나 초식성 포유동물 등 특정한 종류의 생물들을 접촉한 적이 없어 매우 순한 섬의 생물들에게 큰 피해를 입히게 된다. 우연히 또는 의도적으로 섬으로 오게 된 쥐, 토끼, 염소, 돼지, 고양이 등의 동물이 야생으로 도망간 경우 많은 자생종을 멸종시키게 된다. 갈라파고스 군도와 하와이 군도에서는 야생화된 염소, 고양이 그리고 우연히 도입된 쥐가 많은 종류의 특산종(고유종) 새 및 식물을 멸종시켰다.

우리나라에서 울릉도는 대륙과 연결된 적이 한 번도 없는 고립된 섬이지만 제주도는 마지막 빙하기에는 육지였으므로 생물상 측면에서는 섬의 특성이 적게 나타나는 편이다. 그러나 제주도도 육지에서 볼 수 있는 일부 종은 발견되지 않는데 그중 하나가 까치였다. 까치가 우리나라에서는 길조로 여겨왔기 때문에 1963년에 제주도로 도입하려 했지만 실패했다. 그러나 1989년에 어느 항공사와 신문사가 합동으로 재도입을 시도해 성공했는데 지금은 제주도의 많은 자생 조류가 까치로 인하여 멸종위기에 처해 있다. 까치는 우리나라의 자생종이지만 제주도로 보아서는 외래종이다. 한편 울릉도는 고양이가 야생화되어 생태계에 큰 피해를 주고 있다. 또한 만약 울릉도에 뱀이 도입된다면 특히 울릉도 자생 조류에게는 치명적인 피해를 줄 수 있으므로 매우 조심해야 한다. 섬으로의 외래종 도입은 생물다양성 보전을 위해 세심한 검토를 거친 다음 조심스럽게 이루어지지 않으면 생태적 재난이 될 수 있다.

과다 수확

아프리카 등지에서 야생동물, 특히 대형 야생동물을 사냥해서 그 고기를 먹는 경우 대부분은 지속가능하지 못할 정도로 과다하여 고릴라와 같은 야생동물의 개체수가 계속 줄어들고 있다. 과다 수확은 육지와 해양에서 마구 일어난다. 1990년대 이후로 상어지느러미요리에 대한 수요가 늘어나 상어의 수가 크게 감소하고 있으나 번식속도가 매우 느려 개체수의 회복이 거의 불가능하다.

상업적으로 중요한 종의 지속가능한 최대 이용 속도에 대한 연구가 충분히 이루어졌으나 많은 생물 종은 정치적·경제적 이유로 최대 지속가능 이용 속도를 초과해서 수확되고 있다. 예를 들면 지구의 상업적 어업의 절반 이상은 과다 수확되고 있다. 많은 어획방법들은 원하는 종 이외에 상업적으로 중요하지 않은 물고기들을 부수적으로 잡고 있는데 이들은 그냥 버려지는 실정이다. 예를 들어 다이너마이트로 산호초를 파괴하거나 저인망 어선들이 바다의 바닥을 훑고 지나가면 어획을 원하지 않는 종의 생육환경도 파괴시키게 된다.

열대지방에서는 벌목이 허용되지 않는 장소나 종, 나무 크기, 벌목 방법 등 여러 가지 측면에서의 불법 벌목이 많이 이루어지고 있다. 벌목의 영향은 지형, 토양의 종류, 벌목의 기술이나 방법, 강도에 따라 달라진다. 벌목의 직접적 결과로 산불의 발생 확률이 커지고 토양이

다져지며 목재를 옮긴 자국이 남고 물의 침투속도가 감소하며 토양의 침식이 증가하고 수목의 재생이 감소하게 된다. 벌목의 간접적 영향은 산불과 밀렵의 증가, 자연림의 조림지 또는 농경지로의 전환 등을 들 수 있다. 때로는 조림지 생성을 이유로 조림이 어려운 곳에서도 벌목 허가가 나기도 한다. 이러한 과다하거나 부절적한 벌목은 생물다양성 보전에 큰 장애가 된다.

  사람들의 과도한 사냥으로 동물이 멸종된 예는 무수히 많다. 과거에는 살아남기 위해 사냥을 했으나 지금은 시장에 팔기 위한 목적으로 바뀌면서 더 쉽게 멸종위기 상황에 빠진다. 많은 곳에서는 대형 포유동물이 충분히 서식할 수 있는 환경인데도 사라져버린 경우가 많다. 이것은 서식지의 감소나 환경의 악화가 원인이 아니라 과도한 사냥의 결과이다. 대형 포유동물이 없어지면 먹이종이 갑자기 폭발적으로 증가하거나 아니면 식물의 씨를 운반하는 기능이 약화되게 된다. 이런 경우 파괴된 숲이 복원되더라도 식물종은 대부분 희귀종이 되고 작은 새가 씨를 쉽게 운반해주는 일부 종이 생태계를 차지하게 된다. 대형 조류의 경우 고립된 섬에서는 도입된 외래 포식자에 의한 멸종이 많지만 육지에서는 사냥이 멸종의 주된 원인이다.

환경오염과 기후변화

인간 활동의 폐기물, 즉 환경오염물질들은 지구의 대기, 토양, 담수 및 해양의 주요 구성성분이 되고 있다. 이들 중 일부는 독성이 매우 강하여 생물의 건강에 직접적으로 영향을 주고 있다. 다른 물질로서는 영양소를 들 수 있는데 이들이 자연상태보다 훨씬 높은 농도로 존재할 경우 바람직하지 않은 영향을 줄 수 있다. 영양소 과다는 특히 담수와 바다 연안에서 심각하며 육상생태계에서는 자연적으로 영양소 함량이 낮은 곳에서 문제가 된다. 어떤 물질들은 영양소도 아니고 독성물질도 아니지만 양이 너무 많을 경우 산성비와 같이 강수의 양과 화학적 조성을 변화시키기도 한다.

지구의 대기는 결코 안정하지 못하며 생물은 그들이 살던 환경의 변이성의 범위 내에 적응하도록 진화되어 있다. 그러나 기후의 변이성이 생물이 적응할 수 있는 범위를 넘어서면 많은 생물종은 충분한 개체수를 유지할 수 없게 된다. 인간의 활동은 현재의 기후를 크게 바꿀 만큼 대기를 오염시키고 교란시켜왔다. 특히 화석연료의 연소로 이산화탄소가 증가해 지구온난화와 지구기후변화를 일으키고 있다. 이전에 볼 수 없었던 큰 규모의 가뭄, 홍수, 태풍 등 극단적 기상현상은 많은 종의 분포와 개체수의 변화를 유도할 것으로 예측되고 있다. 만약 식물의 이동속도가 기후변화속도를 따라가지 못할 경우 멸종을 예상할 수 있다. 생물계절학적 현상이 식물과 동물 사이에 일치되지 않으면 농사에도 심각한 영향을 주며 야생동식물의 멸종을 유발할 수 있다. 식물의 잎이 나오거나 꽃피는 시기는 기온 및 강수량의 변화를 민감하게 따르게 되는데 만약 동물이 식물만큼 민감하지 못하면 지구온난화에 대한 식물과 동물 사이의 시기적 차이로 인하여 동물은 먹이 부족으로, 식물은 꽃가루를 매개해주는 동물의 부족으로 인한 생식 실패로 멸종될 수 있다.

제주도는 빙하기의 마지막 시기였던 1만 5천 년 전에는 육지의 일부였으며 그래서 제주도 저지대의 난대림을 구성하는 식물들은 대부분 일본이나 대만에서도 발견된다. 그러나 빙하기에 북쪽에서 제주도로 내려왔던 한대성 식물들은 빙하기 이후 지구의 온난화가 진행됨에 따라 모두 한라산 정상 부근으로 피난하였고, 그 후 오랫동안 고립되어 한라산에서만 볼 수 있는 많은 특산종으로 진화하였다. 만약 지구온난화가 지금과 같은 속도로 진행된다면 한라산의 이들 한대성 식물들은 새로운 기후에 적응하여 신종으로 진화하거나 더 이상 갈 곳이 없어 멸종될 수밖에 없을 것이다.

산호초와 열대림의 파괴는 우리의 책임

우리나라의 일부 어선들은 세계 곳곳의 공해상에서 저인망어선으로 물고기를 잡고 있다. 저인망어획의 문제점이 잘 알려져 있어서 많은 나라들은 자기네 경제수역 내에서의 저인망어업을 금지하고 있으나 공해상에서는 통제가 불가능하다. 즉 세계 곳곳의 산호초의 파괴에 우리가 일조하고 있는 셈이다. 우리가 멀쩡한 가구를 버리고 새로 가구를 구입할 때마다 열대우림의 원시림의 나무들이 잘려나가고 열대자연림이 조림지로 전환되고 있을 가능성이 크다. 생물다양성에 대한 우리의 무관심과 무책임한 행동 때문에 우리나라에서 멀리 떨어진 열대의 산호초와 열대우림과 시베리아의 원시림과 남극의 바다가 파괴되고 생물다양성이 크게 영향을 받고 있다. 이제는 우리나라뿐만 아니라 전 세계의 생물다양성 보전에 우리의 관심을 넓혀나가야 한다.

생물다양성과 경제

권오상(서울대학교 농경제사회학부 교수)

서울대학교 농경제학과를 졸업하고 동 대학원에서 경제학 석사학위를, 미국 메릴랜드대학교 칼리지파크 캠퍼스 대학원에서 농업 및 자원경제학 박사학위를 받았다. 현재 서울대학교 농경제사회학부 교수로 있다.

| 생물다양성과 경제학 |

많은 사람들이 생물다양성과 경제라는 단어를 쉽사리 연결지어 생각하지 못하는 듯하다. 그도 그럴 것이, 경제는 인간의 삶과 떼려야 뗄 수 없는 것이지만 생물다양성 문제는 인간의 삶과는 좀 거리가 있는 영역의 문제로 보이기 때문이다. 특히 인공적으로 조성된 환경에서 많은 시간을 보내며 살아가는 현대인에게, 생물다양성 문제는 열대우림을 가진 남미 어느 국가의 문제라고 여겨지거나, 혹은 일상적인 삶과는 그다지 관련 없는 문제로 생각될지도 모른다.

많은 사람들이 이런 시각을 가지고 있다 보니, 생물다양성이 감소하는 문제는 생태학자나 생물학자만이 걱정해야 할 과제로 보이기도 한다. 하지만 최근에는 인간의 생활, 특히 경제활동이 생물다양성 감소

문제와 밀접한 관련이 있다는 인식이 높아졌고, 이 문제에 대한 경제학자들의 적극적인 참여가 요구되고 있다. 이와 같은 생각의 변화는 생물다양성이 감소하는 데에는 인간의 경제활동이 매우 큰 원인이 되고 있으며, 생물다양성 감소는 역으로 다시 이런 활동에 영향을 크게 미친다는 것을 깨닫게 되었기 때문인 것으로 분석하고 있다.

경제행위와 생물다양성이 서로 밀접하게 연관을 맺으며 영향을 주고받는 예는 많이 찾아볼 수 있다. 먼저 경제행위를 위해 생물다양성에 위협을 가하는 예로는 우리 주변에서도 흔히 볼 수 있는 무계획적인 개발사업 때문에 생태계가 위협을 받고 서식하는 생물종의 수가 줄어드는 경우를 들 수 있다. 지구온난화 문제도 어떻게 보면 화석연료를 많이 사용하는 경제성장이 이루어지면서 온실효과가스의 배출량이 늘어나고 이로 인해 생태계 교란이 발생하는 문제라 볼 수 있다.

또한 더 많은 경제적 이득을 얻기 위해 외래종(invasive species)을 도입하는 행위 역시 경제활동 때문에 생물다양성이 훼손되는 경우이다. 예를 들면 20세기 초 유럽 식민정책으로 동부아프리카의 빅토리아호 주변이 개발되기 시작했고, 이 때문에 어획량이 감소하자 어업활성을 위해 이 지역에는 없던 나일퍼치를 방류한 결과 호수의 350~400여 종의 생물이 거의 멸종되어버렸다. 유사한 사례로 우리의 황소개구리 문제나 혹은 작물생산성을 높이거나 토양관리를 위해 미국사람들이 자기 나라에 들여온 돼지감자나 존슨그라스 등이 생태적으로 골칫거리가 된 사건 등을 들 수가 있다.

경제행위의 결과 생물다양성이 위협을 받으면 그 결과 다시 경제적 손실이 나타난다는 점에서도 생물다양성 문제는 경제 문제의 하나로 간주해야 한다. 예를 들어 1970년대 후반 멕시코 시에라 드 마난틀란(Sierra de Manantlán) 지역에서 발견된 야생 옥수수 종은 병해충에 매우 강하여 병충해에 강한 옥수수 종자를 개발하는 데 크게 기여하였다. 만약 멕시코 정부가 이 지역을 보존하지 않고 개발했다면 이 변종 옥수수는 발견되지 않았을 것이고, 이 변종을 이용한 옥수수 신품종 개발이 불가능했을 것이다. 국제기구인 세계은행은 이 지역을 보존하여 신품종을 얻게 된 가치가 약 3억 2천만 달러에 달한다고 이미 꽤 오래전에 분석해서 밝힌 바가 있다. 많은 생물종들이 신품종 개발뿐 아니라 새로운 의약품 개발 등에도 활용될 가능성을 갖고 있기 때문에 우리가 그 유용성을 알기도 전에 생물종이 사라지면 인류의 복지에 큰 위협이 될 수가 있다.

앞의 사례에서 볼 수 있듯이, 의도적이든 그렇지 않든, 인간의 경제활동과 생물다양성 감소 문제는 상호영향을 주고받기 때문에 생물종 감소 문제를 해결하는 데 경제학적인 접근이 매우 중요하다. 특히 생물다양성을 보전하려면 필요한 정책들을 시행할 때 막대한 예산과 비용이 필요하므로, 이 경우에 있어서도 가장 적은 예산으로 효과적인 정책을 마련해야 한다는 점 때문에도 경제학적 관점은 생물종 관리에 중요하다고 할 수 있다.

그렇다면 경제학적 관점에서 볼 때 생물다양성은 보전되는 것이 타당한가, 아니면 생물다양성 감소는 경제발전을 위해서 피할 수 없는 문제인가? 이 질문을 보존과 개발이라는 단순한 이분법적인 문제로 바라본다면, 경제를 더 강조하는 사람들은 대부분 개발을 지지하리라고 생각할 것이다. 하지만 우리가 경제와 생물다양성 모두를 고려하려면 이렇게 이분법적으로 어느 하나가 더 중요하다고 생각해서는 안 되며, '두 가지 모두를 생각하는' 선택을 해야 한다. 그러나 이 두 가지를 모두 고려하려면 경제와 생물다양성을 서로 비교할 수 있는 어떤 수단이 있어야 한다. 생물다양성이란 자연의 문제이고, 경제란 사람이 만들어내는 일종의 제도라 할 수 있다. 따라서 서로 다른 두 가지를 어떻게 비교해야 이를 적절히 감안한 선택을 한다고 할 수 있을까? 그러한 비교가 가능하다면 우리는 생물종이 상대적으로 더 중요할 때에는 경제성장을 늦추더라도 생태계보존을 위해 노력해야 하고, 반대로 경제적 성과가 더 중요하다면 어느 정도의 생물종감소는 받아들이더라도 경제개발을 위해 더 노력해야 하는 것이다. 즉 경제와 생물다양성을 모두 감안했을 때 '가장 바람직한 수준'의 경제와 생물다양성이 있을 수가 있는가, 그리고 있다면 우리는 그것을 어떻게 찾아낼 수 있을까?

경제와 생물다양성을 비교할 수 있는 기준으로는 경제적 가치를 들 수 있다. 즉 생물다양성에 대해 우리가 평상시 사용하는 자동차나 먹는 음식물처럼 어떤 가치를 부여할 수 있다면 이들 소비재와 생물다양성 간의 선택문제를 해결할 수가 있다. 생물종이나 그 보존행위에 대해서 정당한 가치를 부여할 수가 있다면 생물다양성의 가치와 경제에서 만들어진 물건의 가치를 더한 것이 가장 크게 되도록 적절한 수준의 생물종보호와 경제행위를 선택할 수가 있다. 그렇다면 생물다양성의 경제적 가치는 어떻게 찾아낼 수 있을까?

생물다양성의 경제적 가치를 찾아내려면 도대체 생물다양성이 우리에게 어떤 이득을 주기에 가치가 있는지를 먼저 생각해보아야 하고, 그와 같은 이득을 어떻게 금액으로 계산할지도 따져야 한다. 생물다양성 보전이 우리에게 이득이 되는 이유는 매우 많다. 이미 앞에서 예를 들었던 것처럼 생물종이 보존되어 의약품이나 새로운 작물을 생산하는 데 활용되면 우리는 경제적 이득을 얻고 따라서 생물종 보존은 경제적 가치를 가지게 된다. 이 같은 가치를 경제학에서는 사용가치(use value)라 부른다. 즉 생물종이 실제로 경제활동이나 혹은 우리의 일상생활에서 활용되어 발생하는 가치이다. 사용가치에는 바로 앞의 예처럼 생물종이 신품종 개발 등에 직접적이고 적극적으로 활용되어 발생하는 직접 사용가치도 있고, 다양한 식물들로 이루어진 숲이 제공하는 아름다움과 아름다운 숲을 여가활동에 이용하여 삶의 질을 높이거나 경관을 감상하는 것처럼 다소 간접적인 사용가치도 있다.

그렇다면 생물종은 직접적이든 간접적이든 사람에 의해 이용되어야만 가치가 발생할까? 그렇다면 이는 너무 인간중심의 이기적인 생각은 아닐까? 이 문제에 대해서는 경제학자들도 오랫동안 고민해오다 생물종은 반드시 사람이 이용해야 가치가 있는 것은 아니라고 생각하게 되었다. 생물다양성이 사람들이 이용하지 않음에도 가져다주는 가치를 존재가치(existence value)라 하고 혹은 사용가치와 구분하기 위해 비사용가치(nonuse value)라고도 한다. 한 예로 우리가 직접 보기 어려운 흰긴수염고래를 보존한다고 하자. 이 거대하고도 아름다운 종을 보존하기 위해 많은 연구비용이나 다른 보존비용이 필요하다면 아마 전세계 사람 가운데 상당수가 그 비용의 일부라도 내려고 할 것이다. 이 사람들은 이 생물종을 직접 이용하지는 않지만 그 종이 계속해서 남아 있다는 사실 자체로부터 만족감을 얻는 것이다. 우리의 예라면, 휴전선 비무장지대에 남아 있는 생태계를 적어도 당분간은 내가 직접 가볼 수도 이용할 수도 없지만, 이를 보존하기 위해 기부금을 걷거나 세금을 걷는다고 하면 상당수의 국민들이 비교적 긍정적으로 생각할 것이다. 이를 본다면 생물종이 반드시 이용되어야 가치를 가지는 것은 아님을 알 수 있다. 따라서 생물종보존이 가져다주는 총가치는 사용가치뿐 아니라 존재가치 혹은 비사용가치까지 더해주어야 얻을 수가 있다.

사람들이 생물종을 자기가 이용하지 않아도 보존가치가 있다고 믿는 데에는 여러 이유가 있다. 어떤 사람들은 자기는 비무장지대 생태계를 이용할 기회가 거의 없을 것 같지만, 친지나 혹은 잘 모르지만 관심있어하는 사람들이 대신 이용하게 되면 이는 좋은 일이므로 자발적

표 1 | 생물다양성 보전의 경제적 가치

	가치의 종류	예	
사용가치	직접 사용가치	식량생산	옥수수 품종개량
	간접 사용가치	경관의 가치	여가활동 및 경관감상
		생태적 가치	먹이사슬을 통한 생태계의 보존
존재가치	대리소비로 인한 가치	가족, 친지, 친구의 생물다양성 이용	
		일반 대중의 이용	
	청지기적 사명가치	가족이나 후세를 위한 생태계 보존	

으로 보존을 위해 노력하거나 비용을 지불할 의향이 있을 것이다. 즉 대리소비로 인해 비사용가치가 발생할 수 있다. 다른 어떤 사람들은 자신을 포함하는 사람들이 생물종을 이용하든 하지 않든 생물종이 보존된다는 사실 자체가 의미 있는 일이고, 그 때문에 자신이 만족도를 얻는다고 생각할 수 있다. 그와 같은 가치는 자신이 살다 가는 지구에서 생물종이 잘 보존되어 후세에 물려주거나 혹은 생물종 스스로가 생존할 수 있도록 해야 한다는 일종의 청지기적인 사명감을 사람들이 가지고 있기 때문에 발생하는 가치라 할 것이다.

생물다양성의 가치는 어떻게 평가하나?

경제와 생물다양성을 모두 생각하는 선택을 하려면 생물종에게도 경제적 가치를 부여해서 경제가 생산한 다른 것들의 가치와 함께 비교하는 것이 필요하다. 그렇다면 어떻게 해야 생물종의 경제적 가치를 알 수 있을까?

생물종이나 그 보존의 경제적 가치를 계산하는 것은 경제가 만들어 낸 자동차나 식품의 가치를 평가하는 것과는 큰 차이를 하나 가진다. 그것은 생물종은 다른 상품과는 달리 '가치'는 있어도 대개 '가격(price)'은 없다는 점이다. 생활에 꼭 필요한 자동차가 우리에게 주는 가치는 얼마일까? 이렇게 물어본다면 대부분의 사람들은 자동차를 살 때 지불해야 하는 돈, 즉 가격이 바로 가치라고 답할 것이다. 자동차

가격은 자동차가 거래되는 시장에서 만들어진다. 이때 자동차를 사려는 사람이 내고 싶은 금액과 자동차를 파는 기업이 받고 싶은 금액이 일치할 때 바로 자동차 가격이 형성된다. 따라서 자동차 가격이 자전거 가격보다 더 비싼 것은 사람들이 자전거보다는 자동차에 더 많은 돈을 내고 싶어하고, 만들어 파는 사람도 자전거보다는 자동차를 만드는 비용이 더 많이 들기 때문이다. 자동차가 거래되는 시장은 이렇게 사람들이 더 원하고 또 만들 때 더 많은 비용이 드는 제품의 가격은 더 높게 정해지도록 이루어져 있기 때문에, 이런 식으로 시장이 만들어내는 가격을 우리는 상품이 우리에게 주는 가치라고 볼 수 있다.

그러나 생물종은 많은 경우 직접 시장에서 거래되지 않는다. 물론 우리는 야생동·식물이 거래되는 것을 알고 있지만, 많은 경우 이는 불법거래이고 따라서 시장가격도 믿을 수 없다. 또한 우리가 매기려고 하는 것은 예를 들면 호랑이 한 마리의 가치가 아니고 백두산호랑이가 계속 보존될 때의 가치인데, 이렇게 생물종이 아니라 '생물종의 보존'이라는 상품이 거래되는 경우는 없다. 따라서 생물종이든 생물종의 보존이든 그 시장가격은 존재하지 않거나 있더라도 진정한 가치를 나타내지는 않는 것이다.

사정이 이렇기 때문에 생물종이든 그 보존이든 가치를 평가하려면 자동차의 경우와 달리 가격자료를 이용할 수가 없고 별도의 방법으로 가치를 도출할 수밖에 없다. 그러면 어떤 방법이 있을까? 경우에 따라서는 시장이 만들어내는 자료를 활용할 수 있을 때도 있다. 앞에서 많이 예를 든 것처럼 보존되는 생물종으로부터 유용한 유전정보를 얻어

이를 이용해 농업이나 의학 쪽으로 가치있는 신품종을 만들어냈다고 하자. 그렇다면 이 신품종 때문에 늘어난 식량생산이나 의약품생산의 가치는 시장정보를 이용해 계산할 수가 있는데, 이는 신품종개발에 사용되었던 생물종의 시장가격은 없지만 그 결과 얻어진 식량이나 의약품의 시장가격은 있기 때문이다. 즉 생물종이 시장에서 거래될 수 있는 제품의 원료로 사용될 경우에는 그 제품은 시장가격이 있기 때문에 이를 이용해 생물종이나 그 보존의 경제적 가치를 얻을 수 있다. 따라서 이 경우에는 이렇게 얻어진 생물종 보존의 가치가 종을 보존하기 위해 지불해야 하는 여러 비용들을 합한 것보다 더 클 경우 생물종 보존 쪽으로 선택을 해야 한다.

생물종이 시장에서 거래될 수 있는 제품생산에 사용되지 않는 경우에는 어떻게 해야 하나? 예를 들어 창녕 우포늪에 사는 수상식물이나 물고기 등을 보호하기 위해 우포늪을 개발하지 않고 보존하는 경우를 생각해보자. 이 경우 우포늪에서 잡히는 물고기의 가치를 시장가격을 이용해 평가할 수도 있지만 이것이 이 중요한 습지보존의 전체 가치가 될 수는 없다. 그러나 이런 경우에도 어느 정도의 시장가격 자료는 이용할 수 있다. 만약 우포늪이 보존되면 사람들은 그 생태계가 주는 아름다운 경관을 즐기거나 교육적인 용도로 이 지역을 방문하게 된다. 그러려면 교통비와 경우에 따라서는 숙박비를 포함하는 여러 비용, 그리고 시간까지 사용해야 한다. 이런 모든 비용들은 각각 시장에서 형성되는 가격이 있기 때문에 쉽게 계산이 될 수 있다. 이와 같이 생물종이 보존되면 우포늪의 방문행위처럼 사람들의 행동에 어떤 변화가 생겨나는지를 확인하고, 그 행동을 하는 데 지불해야 하는 비용이 얼마인지를 파악해서 보존을 통해 발생하는 가치를 계산할 수가 있다. 많은 종류의 생태휴양지나 보존지역 등에 대해 이 방법을 실제로 적용할 수가 있다.

경우에 따라서는 시장자료를 전혀 사용하지 못하는 경우도 물론 있다. 이는 특히 앞에서 설명한 존재가치를 평가하고자 할 때 나타나는 문제이다. 비무장지대 생태계의 경우 아직은 이를 이용하기 위해 활발하게 방문하기가 어렵고, 따라서 이 지역을 방문하는 사람들의 비용 등을 시장자료를 이용해 계산할 수도 없다. 그렇지만 우리는 비무장지대 생태계의 보존가치는 분명히 있을 것이라 믿으며, 이를 분석하기 위해서는 별도의 방법을 사용해야 한다. 이때 설문조사 방법을 많이 이용한다. 이 방법은 어떤 생물종이 보존될 때와 그렇지 못할 때를 제

표 2 | 생물다양성 보전의 경제적 가치 평가방법

평가방법	설명	예
시장적 방법	보존된 생물종이 시장에서 거래되는 제품의 생산에 원료로 사용될 때 적용	식량, 연료, 목재, 섬유, 의약품 등 생물다양성 보전 때문에 생산이 늘어난 제품의 가치평가
생물다양성 보전에 따른 사람들 행의 변화분석	생물종이 다른 제품생산의 원료로 사용되지는 않지만 생물종이 보존되면 사람들이 행동을 바꾸고 그 행동변화는 어떤 시장에서 발생	습지가 보존되면 경관가치나 교육적 가치를 얻기 위해 방문객이 생기고, 이들이 방문을 위해 지불한 여러 가지 여행비용을 계산
설문조사 등을 이용	생물다양성 보전을 위해 지불하고자 하는 금액이 어느 정도인지를 설문조사를 통해 분석함	비무장지대 생태계 보존사업을 위해 어느 정도의 세금을 더 낼 생각이 있는지를 조사

시하고 생물종을 보존하려면 보존프로그램이나 개발행위제한 등을 위해 비용이 드는데, 그 비용 중 얼마를 부담할 생각이 있는지를 설문조사를 통해 물어본다. 이 조사에 대해 사람들은 다양하게 반응하겠지만 설문지가 주의 깊게 만들어지고 조사도 적절하게 진행되면 사람들이 마음속에 품고 있는 보존에 대한 가치를 도출할 수가 있다. 설문에 응하는 사람들은 생물종을 보존하는 대신 자기 소득의 일부를 내고 싶어 하며, 이때 그 금액을 내지 않고 생물종을 보존하지 않을 때와 그 금액을 내고 생물종을 보존할 때 얻는 만족도가 각각 같다고 보기 때문에 이들이 내고자 하는 금액이 바로 생물다양성 보전의 가치가 되는 것이다. 이 방법 역시 대단히 많이 사용되고 있다.

생물다양성의 경제적 가치의 예

앞에서 살펴본 바와 같이 생물다양성 보전은 다양한 경제적 가치를 유발하며, 그 가치를 평가하는 방법도 여러 가지이다. 여기에서는 그러한 방법들이 실제로 적용되어 생물다양성 보전의 경제적 가치를 도출한 사례들을 살펴보고자 한다. 이를 통해 우리는 생물다양성의 보전이 단순히 도덕적으로 좋은 일이기 때문에 이루어져야 하는 것이 아니라 그 자체가 많은 경제적 이득을 가져다주고, 따라서 모든 개발계획의 수립이나 경제행위를 선택할 때 생물다양성 보전의 가치도 분명히 감안해야 함을 확인할 수 있다.[1]

생물다양성의 손실로 인해 지구 전체에서 발생하는 비용

다양한 국제기구들이 공동으로 노력하여 생물종이 위협받는 몇 가지 상황을 가정하고 그때 발생하는 손실을 계산하는 연구가 진행되었는데, 이 손실은 생물다양성 보전에 대해 지구 전체가 부여하는 경제적 가치라고 할 수 있다.

이 프로젝트는 경제협력개발기구(OECD)의 발표자료를 바탕으로 이루어졌으며, 2000년의 생물다양성 수준에 비하여 2050년의 생물다양성이 10~15% 감소할 경우 발생할 수 있는 손실을 측정하였다. 이 연구에 따르면, 해양생물 등을 제외한 토지의 생물다양성 손실만으로도 2000년부터 2050년까지 매해 500억 유로의 손실이 발생할 것으로 나타났다. 이러한 손실은 한 해에만 영향을 미치는 것이 아니라, 지속적으로 쌓여 더 큰 피해를 가져올 것으로 예상되었으며, 2050년에는 전세계 총 소비수준의 7%를 차지할 것으로 보고되었다.

하지만 이 시나리오는 매우 보수적인 수준에서 평가한 것으로 실제 이러한 일이 발생하면 더 큰 손실이 예상된다. 이 연구는 해양 생물다양성이나 사막, 북극과 남극 등의 지역은 제외하였으며, 관광이나 경관가치, 외래종으로 인한 생물다양성 감소는 손실액을 측정하는 데 포함하지 않았다. 또한 생물다양성의 감소로 인한 국가경제규모의 감소

---

[1] 다음에서 소개되는 경제적 가치분석 사례들 중 해외사례는 주로 생물다양성 관련 국제연구조직인 TEEB(The Economics of Ecosystem and Biodiversity)가 2008년에 발간한 보고서에 수록된 사례들이다. 서울대학교 농경제전공의 서영 학생이 이 사례들을 찾고 정리하였다.

역시 완전히 포함되지 않았기 때문에 이들을 합친다면 훨씬 더 큰 손실액이 도출될 것으로 보인다.

이 연구는 생물다양성 감소의 문제가 잠재적으로 매우 심각한 손실을 초래할 수 있으며, 경제학적으로도 민감한 문제라는 것을 강조한다. 특히 우리는 미래에 발생할 수 있는 생물다양성의 감소로 인한 경제적인 영향에 대해 완전히 알지 못하기 때문에, 지금부터 생물다양성을 보전하기 위한 정책적 노력이 시급하다.

생물다양성 감소로 인한 인류복지 문제: 제약 부문의 사례

보다 구체적으로, 생물다양성이 훼손될 경우 발생할 수 있는 가장 큰 문제 중 하나는 다양한 식물들로부터 새로운 물질을 발견할 가능성이 낮아진다는 것이다. 특히 어떤 식물들은 수천 년 동안 질병 치료제로 사용되어왔으며, 앞으로 새로운 의약품을 제공할 수 있는 잠재력도 가지고 있다. 이 말은 곧 생물다양성의 훼손이 우리의 건강 및 복지 문제와 직결될 수 있다는 것을 의미한다. 관련 연구에 따르면,

- 약 절반에 이르는 합성의약품은 자연물질로부터 얻어졌으며, 이러한 종류의 의약품은 미국에서 가장 잘 팔리는 25종의 의약품 중 10종을 차지한다.
- 현재 이용되는 항암치료제의 42%는 자연물질로부터 얻어졌으며, 34%는 반자연물질이다.
- 중국에서는 3만 종의 식물 중 5천 종이 치료를 목적으로 이용되고 있다.

- 세계 인구의 4분의 3은 전통적인 자연치료제에 의존하고 있다.
- 1997년 미국에서 유전자원으로부터 얻은 의약품의 가치는 759억 달러에서 1,500억 달러였다.
- 은행으로부터 추출된 심혈관질환에 효과적인 의약품은 매해 3억 6천만 달러의 가치를 제공한다.

이렇게 식물들은 우리에게 많은 이익을 가져다주지만, 서식지 파괴와 기후변화 등으로 빠른 속도로 사라져가고 있다. 세계자연보전연맹이 2008년 발간한 보고서에 따르면, 멸종위기에 이른 생물종이 점점 늘어나 세계 식물의 70%가량이나 된다고 한다. 또한 다른 연구에 의하면 수백 종의 식물들이 현재 처방되는 의약품 중 절반의 원료가 되는데, 이 식물들은 멸종위기에 이르러 미래세대와 세계의 복지를 위협하고 있다.

이러한 생물다양성과 인류복지 문제는 또한 국제적인 갈등을 불러일으키기도 한다. 왜냐하면 이러한 새로운 의약물질이 주로 발견되는 곳은 적도 부근의 열대지방인 반면, 이를 의약품으로 개발하여 판매하는 것은 미국이나 유럽 등 선진국들이기 때문이다. 열대지역 국가들은 생물다양성을 보전하기 위하여 개발을 제한하는 등의 비용을 지불해야 하지만, 실제로 이 자원을 이용한 의약품 개발로 이익을 얻는 것은 미국이나 유럽 등의 선진국이기 때문에 국가간의 형평성 문제가 발생하고, 열대지역 국가들이 보전노력을 할 이유를 찾기가 어려워진다. 최근에는 이것이 불공정하다는 목소리가 높아지면서, 선진국이 생물다양성을 이용하여 얻은 이익을 원래 이 자원을 가지고 있는 국가에 환원해야 한다는 주장이 제기되고 있다.

생물다양성이 지니는 가치의 구체적인 사례: 산호초

어떤 생물종은 직접적인 자원개발 외에 여가나 레저활동 등의 다양한 가치를 제공하기도 한다. 그 대표적인 예로 산호초가 있는데, 산호초는 전 세계적으로 5억 명의 사람들에게 많은 혜택을 주는 것으로 조사되었다. 세계 어업의 9~12%는 직접적으로 산호초에 기반을 두고 있으며, 해안가가 아닌 곳의 어업 역시 산호초로부터 먹이를 제공받거나 치어를 기르는 장소가 된다는 점에서 간접적으로 도움을 받고 있다. 산호초가 주는 가장 큰 혜택 중 하나는 관광인데, 119쪽에 설명된 경제적 가치평가 방법을 적용해 분석해보면 전 세계적인 기준에서 산호초를 한 번 방문할 때 이들이 제공하는 여가의 가치가 184달러였다. 또한 동남아시아에서는 한 해에 ha당 231~2,700달러의 가치가 있으며, 캐리비안 해에서는 1,654달러의 가치가 있었다. 뿐만 아니라 산호초는 의약품을 위한 유전자원을 제공하기도 하며, 관상용 어류의 서식지이기도 하며, 진주산업의 보고가 되기도 한다. 또한 산호초는 파도로부터 섬이 침식되지 않도록 하는데, 동남아시아에서 이로부터 얻는 가치는 매해 ha당 55~1,100달러 정도였다.

　구체적으로 산호초는 하와이의 중요한 자원인데, 이 산호초들은 해안가에 살고 있는 사람들에게 어업, 관광, 그리고 파도에 의한 토지침식을 방지하는 혜택을 준다. 2004년에 시행된 한 연구에 따르면, 하

(cc)Mila Zinkova

그림 1 | 중요한 자원으로 사람들에게 많은 혜택을 주는 산호초

와이 메인지역의 약 16만 6천ha의 산호초는 매해 3억 6천만 달러의 가치를 지닌 것으로 타나났다. 이 연구는 또한 이 산호초가 잘 보존된다면, 여가활동, 연구 및 어업, 생태계보존, 기후변화 완화, 다른 생물종의 잠재적인 보존 등의 훨씬 더 많은 혜택을 얻을 수 있을 것이라 보았다.

그런데 최근 기후변화와 바다의 산성화, 그리고 오염과 과도한 어업으로 인하여 산호초의 생태환경이 위협받고 있는 실정이다. 산호초가 사라진다면, 산호초에 기반을 두고 경제활동을 하는 사람들은 더 이상 이를 지속할 수 없을 뿐만 아니라, 토양침식으로 삶의 터전마저 잃게 될 것이다.

생물다양성이 주는 혜택의 지역간 공유: 마다가스카르의 생물다양성이 다른 지역에 주는 혜택

한편 생물다양성은 한 국가의 문제에만 국한되는 것은 아니며, 더욱이 농업 등에 종사하거나 이러한 산업의 비중이 높은 국가만의 문제는 아니다. 생물다양성의 혜택은 매우 먼 거리에 있는 나라나 대도시에 영향을 미치기도 한다. 마다가스카르에 있는 마소알라 국립공원(Masoala National Park)의 숲을 보존함으로써 얻어지는 생물다양성의 가치는 다음과 같다.

- 마다가스카르의 열대우림은 다양한 종류의 식물들이 서식하고 있으며, 이들은 앞으로 신의약품을 개발할 수 있는 가능성을 가지고 있다. 이러한 제약 관련 가치는 157만 7,800달러이다.
- 마소알라에 있는 숲은 토양 침식을 막아주며, 이는 논의 유실을 방지한다. 이로써 얻어지는 가치는 38만 달러이다.
- 이 숲은 탄소 저장을 통하여 기후변화 현상을 완화하는데, 세계 다른 국가들도 이 혜택을 누리게 되며, 총 가치는 1억 511만 달러이다.
- 마다가스카르에는 놀라울 정도로 다양한 생물종이 서식하고 있으며, 2006년에는 마소올라에 3천 명 이상의 관광객이 방문하였는데, 이들 중 다수가 미국이나 유럽에서 온 관광객이었다. 마소올라가 제공하는 여가의 가치는 516만 달러이다.
- 마소올라 주변에 자리 잡은 8천여 가구는 이 숲을 이용하여 식량, 약품, 건설 자재 등을 얻는다. 이로써 얻는 가치는 427만 달러이다.

생물다양성이 주는 혜택의 지역간 공유: 런던이 다른 지역의 생물다양성으로부터 얻는 혜택

앞에서처럼 마다가스카르의 생물다양성 보전이 다른 나라에도 혜택을 미치는 것과는 반대로, 생태계와는 거의 관련이 없을 것 같은 대도시 또한 다른 나라의 생물다양성으로부터 혜택을 얻게 된다. 영국 런던의 경우, 다른 나라의 생물다양성이 보전된 생태계로부터 다음과 같은 가치를 얻는다.

- 런던에는 평균 약 392명의 백혈병 혹은 림프종에 걸린 어린이가 있는데, 1970년에는 이 중 127명의 아이들만이 살아남을 수 있었다. 하지만 현대에는 마다가스카르의 로지 페리윙클(Rosy Periwinkle)이라는 식물에서 추출된 의약품 덕분에 312명의 어린이가 살아날 수 있게 되었다.
- 런던 사람들은 7만 2천 톤의 어류를 매해 소비하는데, 이들 중 다수는 북해와 태평양 연안에서 얻은 것이다.
- 런던에서는 매해 130억 잔의 커피가 소비되는데, 열대우림의 고유종인 벌들은 커피농장의 생산량이 20%가량 증가할 수 있게 도와주었다. 커피는 세계에서 석유 다음으로 무역이 많이 이루어지는 품목으로 영국의 커피 중 25%는 베트남에서 수입된다.
- 런던의 인구 중 120만 명은 범람원에 사는데, 해수면이 상승하면서 삶의 터전을 위협받고 있다. 런던은 매해 5,300만 톤의 CO_2를 배출하여 기후변화에 영향을 주고 있지만, 마다가스카르의 열대우림은 매해

4,400만 톤의 CO_2를 흡수한다.
- 런던의 한 환경단체는 인도네시아의 열대우림을 보호하기 위하여 노력하고 있다. 이는 열대우림의 존재가치에 포함된다.
- 런던에는 적어도 행동장애를 가진 아이들이 2만 2,500명이 있는데, 이 아이들을 자연과 접하게 하면 약 30% 정도가 증상이 호전되었다.

생물다양성과 빈부격차 문제

이렇게 생물다양성은 개인의 경제활동에 많은 영향을 미치고 있으며, 더 나아가 국가간에도 이러한 영향을 주고받고 있다. 그런데 이 생물다양성의 문제는 단순히 우리의 경제활동을 유지하거나 혹은 저해하는 것과 관련이 있는 것만은 아니다. 생물다양성 보전 문제는 국내 계층간 혹은 국제적인 빈부격차 문제와 직결된다.

대체로 한 국가 내에서 농업, 어업, 임업에 종사하는 사람들은 도시 근로자에 비하여 상대적으로 낮은 소득을 얻고 있으며, 국제적으로 볼 때 선진국보다는 후진국의 사람들이 이러한 산업에 종사하는 비율이 높다. (이러한 이유로 농업, 어업, 임업 등을 빈곤층의 경제라고도 한다.) 그런데 생물다양성이 제공하는 자원은 주로 이들이 종사하는 농업, 어업, 임업, 축산업에 직접적으로 이용되는 경우가 많기 때문에, 생물다양성이 감소하는 문제는 이들의 생계에 큰 타격을 주기 쉽다.

예를 들면 인도네시아, 인도, 브라질, 세 나라의 농업, 임업, 어업 생산이 전체 GDP에서 차지하는 비중은 각각 11%, 17%, 6%인데, 이 산업들이 생태계에 의존하는 비율은 각각 75%, 47%, 89%로 매우 높다. 즉, 생물다양성의 감소로 생물자원이 사라지면, 이들 국가에서 농업, 임업, 어업에 종사하는 약 4억 7천만 명의 사람들이 생계를 이어가지 못할 만큼 심각한 타격을 입는다는 것이다. 결과적으로 이들 나라에서는 농업 등에 종사하는 사람들과 도시근로자 간의 빈부격차가 더욱 심해질 것이다. 뿐만 아니라, 더욱 심각한 문제는 예로 든 세 국가 외에도 대다수 후진국들의 국가경제가 농업 등에 의존하는 비중이 선진국에 비하여 상대적으로 크다는 점이다. 따라서 생물다양성의 감소로 인한 피해가 후진국에서 더 클 수밖에 없으며, 이는 선진국과 후진국 간의 빈부격차를 더욱 심화시키는 한 요인이 될 것이다.

한국의 사례

한국에서도 생물다양성 보전의 경제적 가치를 평가하고자 하는 연구가 여러 차례 진행되었다. 많은 연구들이 〈표 2〉에서 설명한 주로 설문조사를 활용하는 방법을 사용했는데, 그 가운데 다음 세 가지 내용을 소개한다.

- 생물다양성 보전 등을 목적으로 휴전선 비무장지대를 보존하는 것의 경제적 가치는 총 2조 700억 원이며, 이는 성인 1인당 5만 5천 원에 달하는 금액이다.
- 멸종위기 동식물을 보호하기 위해 국민들이 연간 지불하고자 하는 금액은 약 6,500억 원에 달한다.
- 창녕 우포늪의 보존가치는 약 560억 원으로 추정된다.

우리의 경제행위는 생물다양성을 잘 보전할 수 있나?

앞에서 설명한 바와 같이 생물다양성이 보전됨으로써 얻게 되는 가치는 매우 다양하고 클 수 있다. 따라서 개발이냐 보존이냐를 결정할 때 개발의 이득과 함께 사라지는 생물종의 가치도 감안하여 의사결정을 해야 한다. 그렇다면 대두되는 질문은 우리는 그렇게 합리적인 의사결정을 실제로 할 수 있느냐 하는 점이다.

이미 앞에서도 얘기했었지만 우리의 경제활동은 대부분 시장을 통해서 이루어진다. 시장은 누가 어떤 물건을 얼마나 만들고 얼마에 팔며 또한 팔린 물건은 누가 얼마나 얼마에 살지를 결정하는 역할을 한다. 몇 가지 조건만 갖추어진다면 시장은 이렇게 물건이 만들어지고 배분되는 과정을 매우 순조롭게 이끌어간다. 과거 공산주의국가나 사회주의국가에서 국가가 명령을 내려 무슨 물건을 몇 개나 생산할지를 결정하던 것보다도 시장은 훨씬 더 원활하고 효율적으로 경제행위를 하도록 유도하기 때문에 결국 시장을 믿지 않던 공산주의나 사회주의는 몰락을 하게 된 것이다.

시장이 그렇게 원활히 기능하기 위해서는 반드시 가져야 할 조건이 하나 있는데, 그것은 시장에서 거래되는 모든 물건이나 서비스에 대한 소유권이 분명히 지정되어야 한다는 점이다. 소유권이 불분명하면 돈을 내고 물건을 사도 그것이 내 것이라 확신할 수 없기 때문에 사람들이 물건을 사려 하지 않고, 따라서 시장은 무너지게 된다.

생물다양성도 우리가 소비하는 하나의 물건이나 서비스라면, 이는 특히 소유권 측면에서 문제를 많이 가지고 있고, 따라서 생물다양성을 보전하는 것은 시장에서의 경제행위를 통해서는 이루어지기 어렵게 된다.

어떤 국가가 돈을 많이 들여서 자국이 보유한 생물다양성을 보전했다고 하자. 이렇게 보존된 생물종이나 그 유전정보는 쉽게 해외로 유출되기 때문에 보존을 위한 돈은 이 국가가 지불했지만 다른 국가들은 아무런 대가도 지불하지 않고 그 혜택을 누릴 수가 있다. 이렇게 누군가가 비용을 지불하고 어떤 것을 구입했을 때 그 혜택이 돈을 지불하지 않은 다른 사람에게도 돌아가는 특성을 지닌 소비재를 경제학에서는 흔히 공공재(public goods)라 부른다.

공공재는 배타적인 소유권을 설정하기 어렵기 때문에 시장에서 거래되기가 어렵다. 사람들은 누구든지 자신이 먼저 돈을 내고 공공재를 구입하기보다는 다른 사람이 구입하기를 기다렸다가 그 혜택을 공짜로 누리려는 무임승차자(free rider)가 되려 하고, 모든 사람들이 그러하기 때문에 꼭 필요한 생물다양성 보전노력이 실제로 행해지지 않게 되는 것이다.

시장기능을 통해 자연스럽게 생물종을 보존하고, 또한 시장에서의 경제행위를 통해 생물다양성 보전의 가치까지 감안하여 개발사업을 하도록 하는 것이 이렇게 어렵다면 다른 보완조치가 필요할 것이다. 그래서 우리나라에서도 그렇지만 많은 나라의 정부가 세금을 걷어 생물다양성 보전사업을 직접 시행하기도 하고, 생물다양성 보전에 위협이 되는 개발사업에 대해서는 허가를 내어주지 않는 규제조치를 시행하기도 하는 것이다.

또한 생물종의 분포 자체가 국제적으로 균등하지 않기 때문에 이를 보존하려는 국가간 노력도 매우 중요하며, 보존의 비용과 혜택을 어떻게 국가별로 배분할지에 대한 원칙도 정해야 한다.

│ 사람이 만들어낸 생물다양성: 작물유전자원 │

작물유전자원(PGRFA, Plant Genetic Resources for Food and Agriculture)은 다른 종류의 생물자원과 마찬가지로 환경적·생태적 측면에서 볼 때 그 자체가 보존될 필요가 있는 유용한 자원이지만 동시에 작물의 생산성과 식량증산에 크게 기여할 수 있다는 산업적 중요성도 가지고 있다. 실제로 유전자원의 다양성은 그동안 바람직한 형질을 가진 동식물을 선택·육종하여 농업생산성을 향상시키는 데 크게 기여하여, 미국의 경우 1930년대 이후 주요 곡물생산량 증가요인 가운데 약 절반을 유전자개량이 차지하는 것으로 밝혀진 바 있다.

유전자원의 보존과 활용은 향후의 농업생산에 있어서도 그중요도가 매우 높을 것으로 판단되는데, 이는 인구증가 및 소득향상과 도시화로 인해 식량수요가 계속 증가할 것이며, 또한 자연환경의 변화와 병충해 양상의 변화로 생산성을 유지·향상시키기 위해 보다 새롭고 다양한 유전자가 필요할 것이기 때문이다. 이에 필요한 새로운 유전자는 기존의 상업화된 품종보다는 대개 야생종이나 농가보유종(landraces)으로부터 얻어진다. 미국 농무부에 의하면 통상 새로 개발되는 작물 신품종이 약 5년간 병충해에 대해 내성을 지니는데 비해 신품종의 육종에는 8~11년이 소요되므로 내성을 지속적으로 유지하는 것은 결코 쉽지 않은 문제일 것이다.

유전자원은 이처럼 현재 및 향후의 농업생산성 향상에서 매우 중요한 자원이 될 것인데, 이를 보존하려는 노력은 민간부문보다는 주로 공공부문에 한정되어 이루어지고 있다. 이는 유전자원의 경우 자원을 보존하고 관리하고자 하는 동기를 민간에게 제공하는 것이 특히 힘들기 때문이다. 이미 앞에서도 밝힌 바처럼 보존되는 유전자원은 배타적인 소유권을 인정받기 어렵다는 공공재적인 성격이 강해서 자원을 보존하려는 동기를 시장기능을 통해 민간에게 부여하기가 어렵다. 또한 유전자원은 쉽게 이동되고 복제되며, 생물학적 지적소유권은 잘 보호되지 못하기 때문에 자원보유자가 다른 사람이나 기업이 자신의 권리를 침해하는 것을 막기가 어렵고, 따라서 민간에 의한 보존활동이 잘 이루어지지 않는다. 아울러 유전자원의 유용성은 실현되기 이전에는 매우 불확실하고, 자원보존을 위해서는 긴 시간이 필요하다는 점 역시 민간에 의한 자원보존 노력을 저해하는 요인이 된다.

유전자원의 중요도는 매우 높음에도 불구하고 이상과 같은 특성 때문에 민간보다는 공공부문이 자원의 보존과 활용을 주로 담당한다. 공공부문의 자원보존과 활용노력은 크게 현지 내(in situ) 보존과 현지 외(ex situ)의 유전자은행(gene banks) 설치 및 운영을 위한 투자를 통해 이루어진다. 또한 보존노력뿐 아니라 유전자 관련 새로운 발견

(genetic invention)에 대한 지적소유권 부여원칙을 정하고, 유전물질을 국가간 이전하는 문제에 관한 협정을 체결하여 자원의 보존 인센티브를 제고하려는 노력도 하고 있다.

유전자원 특히 작물유전자원의 보존, 접근성 확보, 편익의 공유와 관련된 국제협약의 등장배경에는 여러 가지 요인들이 있다. 무엇보다도 유전자원의 다양성에 영향을 미치는 자원의 원산지는 세계 도처에 흩어져 있다. 따라서 유전자원의 다양성을 촉진하고 유전자의 교환을 활발히 하여 유전자원 다양성의 손실을 막으려는 전세계적인 노력이 필요하다는 점을 들 수가 있다. 그러나 각 유전자원의 유용성에 대한 각국의 입장차이가 커 이러한 국제적 노력에 대한 합의도출이 쉽지 않은 것이 문제이고, 유전자원에 대한 접근성의 허용방식과 자원활용에 따른 혜택을 국가별로 어떻게 배분할지에 관해서도 국가별로 상당한 입장차이가 있는 것이 사실이다.

다른 생물자원과 달리 작물유전자원에만 적용되는 특별한 국제협약을 만들려는 노력은 이 자원이 가지는 고유한 특성 때문에 생겨났다. 작물유전자원은 우선 그 기원중심지(centers of origin)가 어디인지를 정하기가 대단히 어렵고, 다른 유전자원과 달리 농민들에 의해 장구한 세월 동안 보존·개발되어온 자원이다. 따라서 사람이 전혀 간섭하지 않을 경우 야생상태만으로는 생존하기 어렵다는 특성도 있는, 사람이 만들어낸 생물다양성(man-made form of biodiversity)이라는 특성을 가진다. 또한 작물유전자원은 이미 지금까지도 종내 생물다양성(intra-specific genetic biodiversity)을 유지하기 위해 국내외에 활발하게 교환되어왔고, 작물생산지에서 병충해 내성과 관련된 문제 등이 발생하면 그 해답을 기원중심지에서 찾아야 하는 등, 그 특성상 국제적 교환 및 협력이 대단히 중요하다는 점을 지적할 수 있다. 이런 특성으로 인해 작물유전자원의 측면에서 볼 때 모든 나라의 농업은 서로 연계되어 있고, 따라서 작물유전자원은 그 어떤 자원보다도 더 수월하고 효율적이며, 공평한 국가간 교환 및 편익의 공유시스템을 필요로 한다.

작물유전자원에 대한 협약은 크게 작물유전자원의 보존 및 지속가능한 이용과 편익배분에 관한 것과 작물육종가의 지적재산권보호에 관한 것으로 나눌 수 있는데 특히 중요한 것이 2004년 6월 29일부터 발효된 유엔식량농업기구(FAO)의 식량·농업식물유전자원국제조약(ITPGRFA)이다. 이 조약은 자원의 접근성 촉진과 편익공유에 있어 다자간시스템을 사용할 것을 기본원칙으로 하여 식량·농업식물유전자원의 보존과 지속가능한 이용을 추진하고, 생물다양성협약의 정신과 맞게 자원을 지속가능한 농업 및 식량안보용으로 활용하여 얻는 편익을 공정하고(fair) 공평하게(equitable) 공유하도록 하는 것을 목적으로 한다.

우리나라 역시 이러한 농업유전자원의 보존 문제에 직면해 있다. 우리나라의 토종 '앉은뱅이 밀'은 작은 키를 특징으로 하는데, 이 특성을 활용하여 국제맥류옥수수연구소의 밀 생산량을 평균 8배나 증산시켰으며, 전 세계 개발도상국의 밀 재배 면적의 87%가 이 앉은뱅이 밀의 인자가 들어 있는 품종으로 재배되고 있다. 뿐만 아니라, 1901년부터 1976년까지 미국은 우리나라에서 5,496점의 콩을 수집해갔으며,

이중 2,294점이 일리노이대학에 보존되어 비린내 없는 콩, 소화력이 높은 콩 등 콩 육종의 중요 인자로 활용되고 있다.

이렇게 농업유전자원에 대한 지적재산권과 이익의 분배 문제에 관해 세계식량농업기구(FAO)를 비롯한 국제기구와 자원보유국과 자원도입국 등 이해당사자 간에 치열한 논쟁이 벌어지는 상황이며, 또한 세계적으로 종자시장의 규모가 약 35조 원 가량 된다는 점에서 우리나라 역시 농업유전자원을 보존하기 위한 노력을 다양하게 시도하고 있다.

우리나라의 농촌진흥청은 농업유전자원센터를 건립하고 2007년까지 약 2,477개의 새로운 품종을 개발하여 보급해왔다. 또한 2008년 농업유전자원의 보존·관리 및 이용에 관한 법률이 시행됨에 따라, 농촌진흥청은 농업유전자원의 효율적 관리를 위한 관리기관 지정 및 운영을 위한 법적 근거를 마련하였다.

2008년 말 기준으로 농촌진흥청이 관리하고 있는 농업유전자원은 총 26만 9천 점으로 이는 미국, 중국, 러시아, 인도에 이어 세계 6위 수준이다. 이중 종자유전자원은 종자은행에 1,777종 156,282점, 현지보존이 불가피한 식물영양체는 996종 27,148점, 그리고 버섯자원을 비롯한 미생물은 미생물보존센터에 4,780종 19,230점을 보존하고 있으며, 토종유전자원은 종자은행에 187작물 31,426점을 보존하고 있다. 또한 가축생식세포를 포함한 가축유전자원은 25종, 65,051점을 축산과학원, 난지농업연구소에서 분산보존을 하고 있다.

지난 2008년에는 국립농업유전자원센터가 유엔식량농업기구로부터 세계 종자 안전중복보존소로 인증받아 세계채소연구센터, 미얀마 등으로부터 6,037점의 자원을 수탁 보존하고 있다. 또한 자원외교를 통해 한반도 원산자원 4,422점을 미국, 일본, 러시아, 독일 등으로부터 들여옴으로써 귀중한 토종자원을 되찾아 이용할 수 있게 되었다.

이곳에 보존된 농업유전자원은 농업생산뿐 아니라 약품, 생체조절물질, 산업효소 등의 새로운 산업적 활용을 가능하게 하는 잠재력을 가지고 있으며, 이를 위하여 다양한 종자를 확보하고 이러한 종자들의 형질을 개발하는 등의 노력이 필요할 것이다.

생물다양성을 보전하기 위한 노력

생물다양성을 보전하기 위한 국제적인 노력은 다양하게 이루어지고 있으며, 생물다양성에 관한 포괄적인 국제협약으로서 1992년 리우정상회담에서 채택된 생물다양성협약을 들 수 있다.

생물다양성협약은 1992년 브라질 리우데자네이루에서 개최된 UN 환경개발회의(UNCED, United Nations Conference on Environment and Development)에서 150개 정부가 동의한 가운데 조인되었고 1993년부터 효력이 발휘되었다.

이 협약은 생물다양성 보전이 인류공동의 관심사라는 것을 처음으로 인식하게 만든 국제협약이었다. 이전까지는 '인류공동유산원칙'에 따라 지구상의 모든 생물자원은 인류공동의 유산으로서 누구든지 자유롭게 접근이 가능하고 그것을 무상으로 이용할 수 있다고 인식되었다.

하지만 생물다양성협약은 유전자원에 대한 국가주권을 명시적으로 규정하고, 모든 종류의 생태계, 종, 유전자원에 대해 공히 적용하도록 하였다. 생물다양성협약의 '인류공동관심사원칙'이란 지구상에 존재하는 모든 유전자원의 보존은 국가의 의무이고, 국제공동체의 중요한 관심사라는 것을 표현하는 것이다. 인류공동유산원칙이 주로 유전자원에 대한 접근과 이용에 관련된 국가들의 권리적인 측면을 강조하고 있는 반면, 인류공동관심사원칙은 유전자원의 보존에 초점이 맞추어져 보존과 관련된 국가들의 의무적인 측면을 강조하고 있다.

생물다양성협약은 생물다양성을 보전하고, 생물자원의 지속가능한 이용, 마지막으로 자원과 기술에 관한 모든 권리를 감안하여 유전자원에 대한 적절한 접근허용 및 기술이전 등을 통해 발생하는 편익의 공평한 분배를 목표로 한다.

생물다양성협약은 각국이 환경정책과 자원이용에 관한 정책을 수립할 독자적 권한을 가지고 있다는 점을 인정하면서도 생물자원의 보존과 지속가능한 발전을 위해 각국이 실행할 일반적이고 신축적인 의무 조항을 부과하고 있다.

이 협약은 각국 영토 내를 원산지로 하는 유전자원에 대한 해당국의 권리를 인정하는 것을 기반으로 유전자원의 국제적 교환원칙을 정하고 있다. 또한 유전자원에 대한 접근성을 결정하는 것은 각국정부와 각국의 법률에 의하도록 하고 있다. 이와 같이 유전자원에 대한 원산지 국가의 권한을 인정함으로써 유전자원을 이용해 신상품을 개발하여 특허권을 창출한 능력을 가진 선진국 기업에 비해 개도국의 지위가 높아질 가능성이 존재하게 되었다. 그렇지 않으면, 제품개발 기술수준이 높은 선진국 기업들이 지적재산권과 특허권을 통해 개도국의 연구개발투자를 방해할 수 있는 여지가 있기 때문이다.

그러나 유전자원 원산지 국가가 가지고 있는 권한의 인정원칙이 실제로 적용되는 데는 몇 가지 기술적 어려움이 존재한다. 예를 들어, 식물은 한 국가 내에서만 자라지 않기 때문에 유전자원의 권한에 있어 다수의 원산지 국가가 존재할 수 있고, 또 변형이 일어난 품종의 경우, 식물품종의 원산지국을 입증할 때 기술적 어려움이 늘 존재한다. 이런 원산지 입증에 관련한 기술적·실질적 문제 때문에, 생물다양성협약은 야생종보존에 대해 주로 적용되며, 상업화되거나 경작되는 작물의 유전자원에 대해서는 큰 영향을 발휘하기 어렵기 때문에 앞에서 소개한 별도의 작물유전자원 관련 조약이 수립되었다.

그밖에 생물다양성 문제에 대하여 경제학적인 관점에서 접근하고자 하는 국제적인 시도는 2007년 독일의 포츠담에서 열린 G8국가에 5개 국가가 추가된 회의에서 이루어졌다. 이들 국가는 "전 세계적인 차원에서 생물다양성이 제공하는 편익을 분석하고, 생물다양성이 손실되어 발생하는 비용을 도출하고, 생물다양성을 보전하기 위한 비용과 보존방법 등의 분석을 시도"하는 데에 동의하였다. 이후 같은 해에 '생태계와 생물다양성의 경제(TEEB, The Economics of Ecosystem and Biodiversity)' 연구가 진행되었으며, 여러 차례 관련된 보고서를 작성하여 발표하였다.

TEEB의 목표는 생물다양성의 과학적인 분야와 국제 및 국내의 정책마련 및 지방정부와 산업 분야를 연계하는 것이다. 구체적으로, 생물다양성의 문제에 경제학적인 접근방법을 적용하여 인류의 복지 혹은 빈곤이 어떻게 생물다양성과 관련있는지 밝히고, 생물다양성의 보존으로 인한 비용과 편익이 경제주체에게 잘 배분된 건강한 경제를 형성하는 데 도움을 주는 것을 목표로 한다.

TEEB가 발간한 보고서는 우리가 생물다양성에 대하여 새로운 시각으로 접근할 수 있는 기회를 마련해주며, 경제활동에서 의사결정을 할 때, 이러한 부분에 대하여 고려할 수 있도록 새로운 시각을 제공한다.

생물다양성은 경제개발과정에서 심하게 훼손될 수가 있지만 그 자체가 많은 경제적 이득을 가져다주는 등, 인간의 경제활동과 매우 밀접한 관계를 맺고 있고, 따라서 생물다양성 보전은 경제 문제와 분리해서 이루어질 수는 없다.

보다 효과적인 생물다양성 보전을 위해서는 그 과정이 가져다주는 다양한 경제적 이득을 이해하고 수량화하는 것이 필요하다. 또한 그러한 가치를 어떻게 경제행위에 적절히 반영하도록 하느냐가 중요하다. 이를 위해서는 각 국가별로 적절한 국내 정책과 보존사업을 실시함은 물론이고, 생물종의 보호비용과 편익을 국가간에 분담하고 협력하는 체계를 구축하려는 노력도 대단히 중요하다.

생물다양성과 문화다양성의 세계
-북미 원주민사회의 자연과 문화

조경만 (목포대학교 문화인류학과 교수)

서울대학교 농과대학을 졸업하고 동 대학원에서 인류학 석사 및 박사 학위를 받았다. 현재 목포대학교 문화인류학과 교수로 있다. 지은 책으로 『생명과 환경』(공저), 『섬과 바다』(공저), 『서해와 갯벌』(공저) 등이 있다. 캐나다 브리티시 컬럼비아주 스똘로 원주민들의 어로와 숲문화, 클라요큇 사운드 지역주민과 원주민의 환경인식에 관한 현지조사를 해오고 있다.

자연, 문화 그리고 다양성의 세계

인간에게 자연은 문화와 떨어뜨려 생각할 수 없는 존재이다. 문화란 생물적인 본능과 유전을 넘어서 사람이 고유하게 만들고 아랫세대에게 이어주는 생활방식과 사고방식을 뜻한다. 밥을 먹고 잠을 자고 옷을 입는 것에서부터 짝짓기를 하고 가족을 이루며 정치적 행동을 하고 초자연적 존재를 믿으며 자기 정서를 표현하는 인간생활의 모든 것과 생각의 모든 것들이 문화에 속한다. 문화란 이것들이 아무렇게나 늘어선 것을 뜻하지 않는다. 시대와 지역, 그리고 자연환경에 따라 이것들은 나름의 질서를 갖고 연결되어 큰 틀의 '생활방식과 사고방식'을 이루며 그것을 문화라 한다.

다른 동물은 본능과 유전에 의존해 살지만 사람은 여기에 더하여 문화라는 '옷'을 입는다. 예를 들어 모든 동물은 먹는다. 그런데 사람은 본능적인 생리에만 맞추어 먹을 것을 고르지 않는다. 처음에는 그랬을지 모르지만 세월이 흐르면서 사람은 무엇은 먹어도 되고 무엇은 안 되는가를 구분하는 종교적 금기를 갖기도 하고, 익혀서 먹을지, 날 것으로 먹을지, 얼마나 구울지, 어떻게 장식할지, 어떤 음식에 어떤 의미를 부여할지를 구분한다. 사회가 계층화됨에 따라 먹는 것도 계층마다 달라진다. 세대마다 음식습관도 다르다. 전 세계의 젊은이들이 패스트푸드에 길들여지는 한편, 전통적인 음식조리를 지키는 세대들이 엄연히 존재하고 있다. 한편에서는 패스트푸드가 건강뿐만 아니라 심리적인 부분, 그리고 인간관계와 생태계에도 나쁜 영향을 미친다 하여 슬로푸드 운동이 일어나고 있다. 세계 곳곳에서 여러 층의 세대들과 계층들 그리고 다양한 일상생활과 잔치들을 통해 음식에는 문화가 작용한다.

사람이 자연 그대로의 세계가 아니라 문화라는 옷을 입고 살지만 그렇다고 해서 그 문화가 자연과 결별해 있는 것은 아니다. 여전히 문화는 자연으로부터 인간이 무언가를 얻어서 만드는 것이고 자연의 흐름에 의존할 수밖에 없는 것이다. 사람의 몸을 지탱시키는 의식주는 그것이 생기는 터전, 그것을 만드는 재료가 근본적으로 자연이다. 의식주를 해결하기 위해 사람은 자연 속에서 자연에 의존하고, 자연을 자기 의도에 맞게 바꾼다. 사람의 일(노동)이라는 것 자체가 자연환경 속에서 '몸'이라는 또 다른 자연물을 활용하는 행동이다. 직접 자연 속에서 일을 하지 않는 직업도 많기에 그 직업이 직접 자연에 닿지 않는 것처럼 보이기도 한다. 그러나 깊이 파고들어가면 자연 속에 묻어 있는 자원과 자연의 에너지가 직접·간접적으로 돌아가는 거대한 틀 속에 이러한 일들도 존재한다.

여기에 더하여 자연은 사람들이 사회를 이루고 살아가는 기본 질서를 제공한다. 한 마을에 사는 사람들은 같은 자연 터전에 뿌리를 박고 이웃이 된다. 그러나 요즈음처럼 자연에 뿌리를 박지 않고 도시의 아파트에 사는 사람들이 많으며, 지역사회보다도 인터넷이나 페이스북, 트위터처럼 온라인으로 만들어지는 사회의 영향을 더 크게 받는 사람들도 많다. 그러나 그 기초는 두뇌를 포함한 인간의 몸, 달리 말해 또 다른 자연이다. 또한 그 아파트는 기본적으로 자연의 입지조건을 따르는 것이며, 페이스북 같은 정보수단들도 실물, 자연물로서의 인간이 있고 인간이 살고 활동하는 터전이 있기에 온라인으로 존재할 수 있다. 애니메이션이나 가상적 주인공처럼 실체가 없는 존재들도 있다. 그러나 그것 역시 실체인 것처럼 존재한다는 점에서 여전히 실체에 근거 혹은 참조를 두고 존재한다.

사람의 종교적 믿음과 생각, 예술적 사고와 감정도 그렇다. 자연 그 자체를 신의 세계로 보거나 자연을 신의 섭리로 보거나 모든 종교는 자연에 대한 세계관과 교리를 바탕으로 한다. 예술의 기원이 자연에 대한 노동행위와, 자연현상을 신의 이야기로 비유하는 신화와 의례에 있었다는 사실은 자연이 예술표현에서도 가장 시작점, 근원적인 지점에 있었음을 말해준다. 도시 한가운데서 벌어지는 현대예술조차도 그 색깔이나 형태나 선율이나 리듬, 그리고 몸짓을 생각해보자. 끝까지 파고들어보면 유형의 자연물이나 무형의 자연현상에 뿌리를 두고 있는데 과연 자연이 어디에 있는지 알아차리기 힘들 정도로 탈바꿈되어 있을 뿐이다. 요약하면 문화란 사람이 자연 그대로를 따라 살지 않고 나름대로 만들어낸 고유성의 산물인 동시에 자연에서 비롯되고 자연에 의존하고 끊임없이 자연과 상호작용하는 산물이다. 사람이 사는 터전은 자연과 문화이며 자연 속 생물과 무생물이 이룬 생태계에 줄을 대고 사는 동시에 사람들이 이룬 문화에 줄을 대고 산다. 자연과 문화는 끊임없이 상호작용하며 엄밀히 말해서 우리는 생태계 자체만 혹은 문화 자체만 이야기할 것이 아니라 생태계-문화가 이룬 더 밑바탕을 구성하는 세계를 이야기해야 한다.

세계 곳곳의 바다와 땅의 모양새가 다르고, 기후가 다르며, 살아가는 동식물의 종류와 그들의 살림살이가 다르다. 이것들에 의존하고 다른 한편으로 이를 변형시키며 사는 사람들이 만든 문화도 달라지게 마련이다. 지질과 지형과 생태계의 다양성 그리고 문화의 다양성이 우리가 사는 세상에 다채로운 수(繡)를 놓는다.

다른 하늘 밑에 있는 생태계와 문화다양성

다양성에 대한 깨달음은 지도 위에 하나하나 다른 것들을 늘어놓는다고 해서 찾아오는 것이 아니다. 한 곳을 보아도 그것이 자신이 알아오던 것, 익숙해 있던 것과 얼마나 다른지를 느끼는 데에서 다양성을 더

© Gordon Mohs & Ann Mohs

그림 1 | 온대우림의 숲

크게 깨달을 수 있다. 또한 역으로 다른 것에 대한 경험을 통해 자신이 익숙해 있는 것도 새삼 깨닫게 된다. 생태계와 문화는 그 속에 살고 있는 동물이나 사람에게는 너무나 익숙해서 잘 느껴지지 않는다. 그러다가 다른 생태계와 문화를 접했을 때 혹은 자기 생태계와 문화에 커다란 변동이 왔을 때 자기 것들이 낯설어지며 새삼 그 존재를 깨닫는다.

문화의 복잡한 그물 중에서 그 한귀퉁이만 살펴보자. '어느 한 곳 사람들이 자신이 사는 자연환경을 어떻게 생각하고 있는지, 그에 대해 어떤 행동을 하는지'를 살펴보는 것도 그곳 사람들의 문화 한 부분을 보는 게 된다.

북미 밴쿠버 일대 온대우림의 숲과 바다와 강

북미 태평양 연안에는 온대우림 지역이 있다. 대륙 바닷가를 따라, 그리고 그 앞 섬들을 따라 길게 이어 있는 이 지역에는 겨울 내내 비가 내린다. 해변에서부터 내륙 꽤 깊은 곳까지 몇 줄기의 산맥들이 북쪽에서부터 북미 서부 위아래로 길게 이어지는 이곳에는 겨울 내내 산에 걸린 구름이 비로 변한다. 높은 곳은 눈으로 덮이고 낮은 곳은 비가 된다. 캐나다 브리티시 컬럼비아 주의 서쪽 해안은 대륙 해안과 그 서쪽의 거대한 밴쿠버 섬(Vancouver Island) 그리고 그 사이의 다도해로 구성된다. 이곳에 엄청난 두께와 높이의 웨스턴 레드 시더(western red cedar, *Thuja plicata*) 나무와 웨스턴 햄록(western hemlock, *Thuga heterophylla*), 시트카 스프러스(Sitka spruce, *Picea sitchensis*), 아마빌리스 전나무(amabilis fir, *Abies amabilis*), 더글러스 전나무(Douglas-fir, *Pseudotsuga menziesii*) 등이 널리 자란다. 이 지역 안에서도 또다시 편차가 있다. 예를 들어 밴쿠버 섬들의 서쪽은 바다에서 올라온 증기가 구름이 되고 산에 걸려 비가 많이 온다. 그 반대편은 강수량이 비교적 적다. 해변에 솟은 높은 산지에는 추위에 잘 견디는 옐로 시더(yellow cedar, *Chamaecyparis nootkatensis*)와 산지 햄록(*Tsuga mertensiana*)이 자라고, 비교적 건조한 동남쪽 해변에는 더글러스 전나무가 우점종(優占種)이다. 그 외에 다른 전나무들, 철쭉나무(arbutus)류들이 많다. 그중 대도시 빅토리아 인근은 온대우림 지역 중 꽤 건조한 곳이어서 참나무 속의 게리 오크(garry oak, *Quercus garryana*)가 자란다. 낙엽수로는 단풍나무(*Acer* spp.), 북미 사시나무(cottonwood, *Populus balsamifera*), 사시나무 포플러(trembling aspen, *Populus tremuloids*), 오리나무(alder, *Alnus spp.*), 자작나무(birch, *Betula spp.*) 등이 널리 퍼져 있으며 이들은 특히 냇물이나 호숫가 등 습기가 있는 곳에 많지만 꼭 그렇지 않아도 환경조건에 다채롭게 적응한다.[1]

온대우림 곳곳이 나무 등걸, 가지, 밑둥과 땅에서 습기를 머금고 자라는 식물들로 가득하다. 이끼류, 버섯류, 고사리류들이다. 숲에는 흰대머리독수리, 갈까마귀, 곰, 코요테, 사슴류 등이 산다. 곰은 종류에 따라 분포가 좀 다르다. 예를 들어 흑색곰(Black Bear)은 브리티시 컬럼비아 주 전역에 퍼져 있으나 인간이 거주지를 넓히고 도시화함에 따라 서식처를 많이 잃었다. 회색곰(Grizzly Bear, *Ursus arctos*)은 밴쿠버 섬과 대륙의 광역 밴쿠버 시 일대 등 몇 곳을 제외하고 서식한다. 브리티시 컬럼비아 주에서는 바다, 강, 작은 하천과 숲속 물길까지 수계(水系)가 이어지는데, 여기에 민물, 바닷물 짐승들과 어종들이 섞여 산다. 비버, 수달이 곳곳에 퍼져 있고, 수많은 종의 고래들이 회유한다. 그 외에 밴쿠버 섬 바깥 바다에는 바다사자도 발견된다. 수많은 어류, 갑각류, 패류 중에서 사람들이 많이 이용하는 것들은 연어, 넙치류, 가자미, 참치, 대구, 새우, 던전 게, 킹크랩, 굴, 대합조개 등이

---

[1] 식생에 관해서는 2011년 1월 밴쿠버 섬의 민족식물학(ethnobotany) 전문가 낸시 터너(Nancy J. Turner) 교수와의 면담과 그녀의 책 *The Earth's Blanket*(2005), Vancouver: Douglas & McIntyre를 따랐다.

© Gordon Mohs & Ann Mohs

그림 2 | 시더나무 껍질로 만든 장식들로 사춘기 소녀들을 꾸며주는 모습

다. 연어 중에서 이곳 서부 해안 지역을 회유하는 것은 태평양 연어(pacific salmon)라 불린다. 원주민은 물론 거의 모든 주민들이 연어를 가장 널리 소비한다. 많은 주민들이 소카이(sockeye), 치눅(chinook), 첨(chum), 핑크(pink), 코호(coho), 스틸헤드(steelhead) 등 연어의 세세한 종을 알고 있다. 원주민들은 특히 이들의 회유시기, 습성, 육질의 특성 등을 자세히 알고 때에 맞추어 어로를 한다.

이 온대우림 지역에 속한 밴쿠버 섬과 대륙 연안 도시들, 그 사이의 다도해, 대륙 밴쿠버 시를 관류하여 내륙 깊숙이 거슬러 오르는 프레이저 강과 지류 일대에 수많은 원주민 사회가 있다. 이곳 원주민들의 전통적 생활양식과 사고방식은 바다, 강, 작은 물길과 숲이 하나로 이어진 '하나의 세계(oneness)'를 나타낸다. 우선 이 일대 원주민사회에서 널리 전해오는 숲과 나무의 관습을 보자.

원주민들에게 나무는 집짓는 목재가 되고, 자기 집단의 표식이나 역사와 문화 스토리텔링이자 신앙 대상인 토템폴의 재료가 된다. 특히 시더는 가볍고 습기에 오래 견디어 집 안과 밖 건축에 널리 쓰이고 토템, 기둥 장식 등 상징물에 쓰이며, 예전에는 죽어서 시신을 넣는 관으로 쓰였다. 시더는 또한 그 나뭇가지가 사람들의 정신을 깨끗이

그림 3 │ 치헤일리스의 존재변환자 흐엘스

하는 '씻김'의 의례도구, 나무껍질이 의례장식 머리띠가 된다. 껍질과 뿌리는 그릇, 바구니, 옷 등등 일상생활 용품으로 대단히 다양한 용도를 보여준다. 원주민 여성들은 시더나무 껍질을 벗길 때 나무에게 그 허락을 얻고 존중을 표한다. 이는 자신들이 자연을 이용하지만 그 자연은 자신의 착취대상이 아니고 자신에게 베풀어주는 존재이며 자신들이 '의존' 관계에 있음을 나타내는 것이다. 다음은 숲과 원주민 존재가 어떻게 관련되는지를 보여주는 사례이다.

밴쿠버에서 두 시간 정도 동쪽으로 차를 몰고 가면 해리슨 강이라는 프레이저 강 지류가 나오고 이곳에 원주민 말을 영문으로 표기할 때 'Sts'ailes'라 하며 영어로는 치헤일리스(Chehalis)라 부르는 원주민사회가 있다. 'Sts'ailes'는 '뛰는 심장'이라는 뜻이며 아주 옛날 흐엘스

(Xa:ls)라 불리는, 이 세상을 변환시키는 존재가 산 위에서 수호신의 심장을 꺼내 던졌다. 그 심장이 떨어진 곳이 해리슨 강변이고 현 치헤일리스의 옛 거주지이다. 이들의 영토가 정부가 지정한 보호지역이 되고 서양식 주택이 도입되기 전, 대략 100년 너머로 거슬러 올라갈 때는 사람들이 모두 이 강변에서 나무로 긴 집들을 짓고 살았다.

이 일대의 숲 중 치헤일리스 사람들에게 특별히 의미가 있는 곳이 강 건너편의 낮은 산과 숲을 일컫는 '쿠아-퀘치-엄(*Kweh-Kwuch-Hum*)'이다.[2] 이곳은 사람들이 자기 몸에 동물 혹은 식물의 영혼 (spirit)이 들어 비로소 성인이 되었을 때 그 의례에 쓰던 의상을 걸어놓았던 숲이다. 지금은 그 관습을 찾기 어렵지만 숲에서의 이 관습은 매우 의미가 있었던 것으로 받아들여지고 있다. 조상들의 무덤도 여기에 많다. 무엇보다도 사람들은 이곳의 전설적인 사스카치(Sasquatch)가 이곳을 경유하여 강을 건너고 사람들 사는 곳까지 온다고 믿고 이곳을 아낀다. 사스카치는 거대한 발을 가진, 전설적 동물 얼굴에 사람 몸을 한 존재이다. 그를 본 사람은 행운이 따른다고 알려져 있다. 원주민들은 의례의상이 이곳 숲에 걸림으로써 자신의 존재가 숲속에 함께 있는 것이라고 본다. 또한 거기에 조상들이 묻혀 숲이 조상-자손 관계의 터전이 된다. 사스카치는 이곳을 경유하여 강을 건너고 거주구역까지 들어가는 존재이다. 사스카치에 의해 숲과 강과, 마을이 하나의 공

---

2   2003년부터 현재까지 나의 현장기록과 The Chehalis Indian Band and the Chilliwack Forest District(2008)의 보고서 *Kweh-Kwuch-Hum-Spiritual Areas and Forest Management*에 따름.

그림 4 | 성스러운 산 쿠아-퀘치-엄과 해리슨 강과 사스카치에 대한 치헤일리스 주민들의 개념도

간적 연계 속에 있는 것이다. 결국 이 숲은 인간 존재가 그 속에 포함되고, 조상-자손 관계가 포함되며, 강과 마을로 이어지는 곳이다. 복잡한 관계의 그물을 통해 이것들은 '하나(one)'를 나타낸다.

다양한 생물과 무생물들은 하나하나가, 그리고 그 전체가 각별하게 의미가 있다. 치헤일리스 사람들은 일상생활과 의례의 중요한 시작점마다 노래를 부른다. 그중 하나가 이들이 알파벳으로 표기하여 "YE WE A YO, MELH TE SOLH TEMEXW, XA XA TEMEXW TE E……"로 시작하는 노래로 자신들과 자연의 관계를 대표적으로 나타낸다. 이들은 이 노래가 '땅과 물과 공기와 산, 그리고 식물과 동물들이 모든 것들에 존경과 명예를' 부여하는 것이라 설명한다. 여기서 원주민들의 생물과 무생물의 다양성에 대한 인식, 그리고 그 모든 것들에 존경과 명예의 관계를 맺고자 하는 문화인식을 엿볼 수 있다.

그 많은 존재들이 원주민의 정신세계로 들어온다. 연어잡이가 끝난 후 겨울 내내 연안 샐리쉬(Coast Salish) 언어를 사용하는 원주민사회들, 즉 밴쿠버 섬 남쪽, 다도해 지역, 대륙의 밴쿠버와 남쪽 일대 사회들 및 인접한 미국 워싱턴 주 원주민사회들에서는 '영혼의 춤(spiritual dance)'이라고 불리는 성년의례가 벌어진다. 거의 매일 밤 음식 나누기와 의례, 노래와 춤이 이어지는데 대략 3개월 가량 지속된다. 여기서 성인은 동물이나 식물의 영혼이 몸으로 들어온 사람을 말한다. 이제 막 영혼이 들어오기 시작하여 성인식을 치르는 사람들을 '아기(baby)'라고 부른다. 인생을 살면서 누구나 자연물의 영혼을 받아들이지만 그때가 사람마다 달라서 나이를 꽤 먹어서 성년이 되는 사람들도 많다. 치헤일리스 사람들에게는 각자 하나씩 독수리, 갈까마귀, 곰, 연어 등 자신들이 경험한 수많은 자연물들이 그 영혼을 받아들이는 대상이 된다. 어느 동물의 영혼이 들면 그것은 평생 그 사람을 나타내게 되고 의례 때마다 그는 그 동물에 맞는 노래와 춤을 춘다. 이때 노래와 춤은 사람이 배우고 창작하여 만든 게 아니라 의례의 순간에 동물로부터 바람을 타고 들어온다. 티호-웰-텔(Tix-wel-tel)은 치헤일리스의 뛰어난 어부이고 사냥꾼이며 연희자이고 의례전문가이다. 그는 매우 감성이 높은 연희자로서 다른 사람에게 들어가는 노래도 포착한다. 그리하여 그가 춤을 출 때 '그의 노래'를 불러준다. 동물과 성년식을 치르는 사람이 연계가 되고, 그 연계의 한 고리에 티호-웰-텔이 있어 그 사람이 사회적으로 입신(立身)하고 그 존재를 원주민사회에 알리는 것을 돕는다.

　원주민사회에서는 언제부터인가 '어머니 대지(mother earth)'라는 영어식 표기가 유행하고 있다. 그러나 이 말의 느낌과 뜻은 이들이 전승해온 관념과 같으며 만물이 자라는 것을 감싸안고 보호하는 자연의 품을 뜻한다. '자연'이라는 추상적 개념이 예전부터 있었을 것 같지는 않지만 이들에게는 세상 사물 하나하나를 볼 때 그것을 기르고 있는 전체, 다양함을 아우르는 전체에 대한 관념이 있었던 것 같다. '영혼의 춤'은 그 어머니 대지로부터 자기와 특별히 관계를 맺는 동물과 식물에 대한 의례이다. 사람마다 맺는 대상이 다르고, 그 때문에 평생 동안 정체성이 다르고 표출하는 문화가 달라진다. 모두 아울러 어머니 대지의 품속이면서 그 안에서 만물의 다양성에 입각한 만물-인간 관계의 다양성이 자라나고 있다.

사람과 연어가 형성하는 생태계와 문화

연어는 바다에서 강으로 강에서 작은 냇물로 오고, 숲에서 죽어가면서 전체를 생태학적으로 잇는 존재이다. 치헤일리스는 비가 아주 많이 오는 곳이어서 나무들마다 이끼가 가득하다. 멀리 바닷가 프레이저 강 하구로부터 연어가 강을 타고 거슬러 올라오다가 일부는 해리슨 강으로 들어서 깊은 숲까지 이르러 알을 낳고 죽는다.

　일부는 하늘을 덮는 독수리의 먹이가 되고 일부는 끝까지 올라가 깊은 숲속 작은 냇물에서 알을 낳고 죽는다. 지금은 이들의 회유와 부화를 돕기 위한 인공적 수로망들이 만들어져 있지만 기본적인 연어 회유 회로는 크게 달라지지 않았다. 또한 그곳까지 이르는 동안 곳곳의 숲 속 물길에서 연어가 죽어간다. 연어를 먹은 곰은 배설물로 숲을 기름 지게 한다. 또한 죽은 연어로부터도 숲은 영양을 얻는다. 곳곳에서 식물이 자라며 특히 나무를 뒤덮는 이끼는 새로 부화한 연어의 보호자도 되고 먹이도 된다. 이렇게 한동안을 자라난 연어가 대양으로 나아갔다가 되돌아와서 알을 낳고 죽는다. 이 순환의 고리가 원주민에게는 '하나'라는 세계관의 또 다른 표징이다.

치헤일리스 사람들은 연어가 돌아오는 시기를 민감하게 느낀다. 새해 봄이 되면 벌써 연어를 느낀다. 다만 해리슨 강은 연어가 늦다. 치헤일리스 사람들은 프레이저 강과 해리슨 강이 갈라지는 지점에 자기 어로 지점을 갖고 있다. 해리슨 강에서는 어로도 하지만 그보다는 이곳으로 접어드는 연어들이 자연스럽게 부화하고 죽어가고 새로운 것들이 태어나는 데 더 신경을 쓴다. 봄철에 두 개의 강이 만나는 곳에서 치헤일리스 사람들이 먼저 만나는 연어가 스프링(spring, chinook)이다. 스프링은 큰 것은 1m를 넘기도 하는 대어이고 가치가 매우 높게 여겨진다. 원주민들은 연어를 그슬리거나 굽거나 바람에 말리는데 굽거나 그슬려 익히는 연어로는 많은 원주민들이 스프링을 꼽는다. 기름기가 많아 육질이 부드럽고 윤기를 그대로 간직하기 때문이다. 치헤일리스 사람들이 스프링을 구울 때 자랑스럽게 생각하는 것은 그들의 할아버지 세대로부터 배운 전통지식이다. 연기를 타고 막 물이 오르는 나뭇가지와 잎을 장작 위에 놓고 그 연기가 배게 한다. 나뭇가지와 잎

그림 5 | 첫 번째 연어의식을 준비하는 치헤일리스 주민들

이 타면서 나는 연기와 배어드는 맛의 신선함에 대한 지각을 갖고 있다. 한 집안에서 처음 잡은 스프링은 같은 지역에 사는 부모, 형제, 자매가 모두 모여 함께 먹으며 기념을 한다. 치헤일리스 전체 사회에서 처음 잡은 스프링은 '첫 번째 연어의식(First Salmon Ceremony)'이라는 의례를 거친다.

2007년 봄 치헤일리스에서 치러진 의식을 보자. 사람들은 그슬려 익힌 연어에 온갖 장식을 하고 전통적인 시더나무 그릇에 담는다. 전통의상을 차려입은 남자들이 노래를 부르며 이 그릇을 나르고 여자들

ⓒ 조경만

그림 6 | 먹고 남은 연어의 뼈와 가시: 강으로 되돌려지는 연어의 영혼

이 노래를 부르며 그 행렬을 맞는다. 이어 어른들이 첫 번째 연어를 기리는 연설을 한 후 어른과 손님, 일반 원주민 순으로 자기 그릇에 연어 조각을 담는다. 큰 연어가 놓인 옆으로 작은 그릇 하나가 있다. 살을 발라내 먹고 난 후 뼈와 가시 등을 모으는 그릇이다. 모든 생물과 무생물은 영혼을 갖고 있다. 연어 역시 마찬가지이며 뼈와 가시에도 그 영은 간직된다. 모든 이들의 식사가 끝난 후 소년들이 뼈와 가시를 모은 그릇을 강으로 나르고 다른 사람들이 노래를 부르며 뒤따라 연어의 영을 배송한다. 소년들이 그릇을 강으로 띄워 보내 연어의 영이 다시 제

가 살던 곳으로 되돌아가도록 한다.

치혜일리스 일대 숲과 강과 마을에는 수많은 생물과 무생물들이 있고 모두 영적인 존재들이다. 인간이 이들을 사용하고 먹는 것은 착취가 아니고 이들에 의존하는 것이며 그 영적인 보살핌을 받는 것이다. 생태계에서 돌고 도는 먹이사슬의 원리와 마찬가지로 인간도 그 무엇인가를 사용하고 먹는다. 이때 인간은 이들에게는 자신들과 통할 수 있는 영이 있다고 보며, 사용하고 먹는다는 것은 그 영의 보살핌을 받는 것이다. 그 때문에 인간은 생물과 무생물을 사용하거나 먹기 이전에 존중을 표하며 자신들이 그들에 의존하는 존재임을 확인한다. 존중과 의존은 치혜일리스 사람들이 생물, 무생물들과 자신들과의 관계에 대해 내리는 가장 기본적인 정의(定義)이다. 첫 번째 연어의식은 처음 올라온 연어를 주민들이 함께 먹음으로써 그 연어가 베풀어주는 생명을 공동체가 모두 누린다는 것을 뜻한다. 앞으로도 계속 연어가 많이 올라와 공동체가 번성하리라는 기대도 있다. 연어에 대한 성대한 의례를 통해 존중을 표하고, 마지막으로 연어의 뼈와 가시를 제 고향 강으로 돌려보낸다. 인간이 연어를 먹어치운 것은 사실이지만 상징적으로나마 연어는 생태계의 흐름 속으로 되돌아가고 생태계를 번성시킨다.

연어는 인간 존재, 인간 사회의 전체이다

연어는 치혜일리스를 비롯하여 바다와 강을 끼고 사는 원주민들의 문화 전체이다. 문화란 생존행위를 '어떻게' 하고, 인간 사회를 어떻게 만들며, 자기 삶과 우주에 대해 어떤 생각을 할 것인지를 규정하는 생활양식과 사고방식의 틀이다. 결국 문화란 삶을 어떻게 이끌 것인지를 안내해주는 가이드북과 같다. 원주민들에게 연어는 우선 주요 식량이다. 생존을 위한 생계활동들이 봄부터 늦가을까지 찾아드는 연어를 잡고, 알을 낳을 곳으로 가는 연어의 적정 마리수를 확보하는 데 집중되어 있다. 지금은 원주민사회에서도 수산담당관, 생물학자들이 있고 현대식 부화장에도 의존하는 등 다각도로 일반 과학을 사용하지만, 예전부터 이들은 연어가 그때그때 찾아들어 곳곳을 회유하고 올라가는 것, 기상상태 등을 보고 부화하러 올라갈 연어가 얼마나 될지, 얼마나 잡으면 적정량이 될지를 가늠한다. 원주민들은 이를 '어머니 대지가 가장 잘 안다'고 말한다. 자신들은 전승되어온 토착지식에 의존하여 어로도 하고 보존도 하는데 그것은 결국 자신들을 보호하는 어머니 대지(자연)로부터 비롯된 지식이며 그 어머니 대지에 의존하면 만사가 풀린다.

여름이 되면 스프링도 올라오지만 그보다 소카이가 더 많다. 스프링보다 크기가 좀 작은 소카이는 기름기가 적어 그슬려 구워먹으면 좀 퍽퍽하다. 그래도 좋은 어종이라 자주 그리 해먹기는 하지만 사실상 소카이는 한철 동안 바람에 말렸다가(wind dry) 다시 그슬려 겨울 식량으로 쓰는 데 적합하다. 바람에 말리는 방법은 오랜 세월 전승되어 온 전통문화이다. 프레이저 강 유역에서 바람에 말리는 일을 하기 가장 좋은 곳은 강을 거슬러 오르다가 만나는 '프레이저 캐니언' 혹은 '예일 캐니언'이라는 급류와 계곡 지역이다. 계곡을 타고 내려오는 건조하고 시원한 바람이 연어를 싱싱한 상태로 마르게 한다. 원주민들은

ⓒ 조경만

그림 7 | 프레이저 캐니언 급류 위의 전통 그물대와 그 위쪽의 덕(drying rack)

강변에 서서 잠자리채 같은 망(dip net)으로 거슬러 올라오는 연어를 낚아챈다. 또 다른 방법으로는 곳곳에 기다란 나무들로 그물대를 설치하고 그 끝에 그물을 매단다. 그물은 급류에 휩쓸려 빙글빙글 돌다가 거슬러 올라오는 연어가 걸리게 한다. 자망(刺網, gill net)의 일종으로 전통방식이다. 이 계곡은 특정한 원주민사회만 이용하는 게 아니다. 여러 원주민사회들이 자기 터를 갖고 있으며 온가족들이 움막을 치고 잠을 자면서 연어를 잡는다. 그 터전 하나하나가 외부에서 방문한 다른 원주민 손님들의 사랑방 구실도 한다. 특히 노인들이 이곳에서 연

그림 8 | 덕에 널어 말리는 연어

어를 잡는 모습을 즐기기 위해 방문을 하며 가까이는 같은 생활권인 미국 워싱턴 주에서, 멀리는 남쪽 캘리포니아에서 구경을 온 원주민 노인들도 있다. 이 계곡에는 집안마다 연어를 너는 덕을 설치해놓았다. 나뭇가지로 만든 덕에는 연어를 반으로 갈라 껍질은 두고 그 안의 살점을 수십 개의 칼질을 내서 나란히 조각들을 이어놓은 것이 걸린다. 작은 연어조각들은 같은 장소에 설치해놓은 그물에 붙여서 넌다. 단풍잎처럼 붉은 연어의 살점들이 계곡의 바람에 나부낀다. 이렇게 말려놓은 연어가 겨울철 식량으로 쓰인다. 지금은 음식문화가 서구화되어서 큰 비중을 차지하지 못하지만 옛날에는 가장 중요한 겨울철 식량원이 이 말린 연어였다. 지금은 이 연어가 자기들 전통적 기호와 음식문화를 대표하는 기념의 산물, 기호의 산물이 되었다.

연어는 몸을 지탱하는 식량공급원인 동시에 사회적 생존의 자료이기도 하다. 또한 잔치와 의례의 자료이기도 하다. 1999년 여름 이 계곡에서 시버드 아일랜드(Seabird Island) 원주민사회 세습추장(hereditary chief)을 만났다. 그는 부인, 아들과 함께 일을 하고 있었는데 얼마나 많은 연어가 필요한가라는 질문에 900마리 정도는 여기서 잡아야 한다고 대답했다. 그 몸집이 큰 연어를 900마리씩이나 어떻게 소비할 것인지 물으니 대부분이 멀리 나가 사는 가족원들에게 보낼 것이고 방문객에게도 줄 것이라 대답했다. 또한 이곳의 집안(family)이라는 개념은 한 가지 성씨를 가지고 한 곳에 사는 구성원 전체를 뜻하는데 그 집안에서 대소사 의례 때 엄청난 양의 연어가 소비된다 하였다. 치앰 밴드(Cheam Band)라는 원주민마을에 사는 추장 가문 데니스(Denice Douglas)라는 여자는 이 계곡에서 어느 한나절 잡아둔 스프링과 소카이 연어 십수 마리 모두를 멀리 북부지방에서 이곳을 들른 한 방문객의 말을 듣고 아무렇지도 않게 주어버렸다. 치헤일리스의 의례주재자이고 대표 연희자인 티흐-웰-텔은 '노래하는 사냥꾼'이라는 그의 이름답게 사냥을 즐긴다. 겨울철은 그에게 사냥의 계절이다. 반면 봄부터 가을까지는 연어잡이가 그의 일이다. 그에게는 언제나 단골 손님이 있다. 로키 산맥의 미국 국경 근처 콜롬비아 강 유역의 원주민들인데 그들이 항상 여름에 이 사람을 찾는다. 연어를 받기 위해서이다. 연어를 준다는 것은 그에게 자신이 사회적으로 존재하는 이유를 제공해주는 즐거운 일이고 사회적 교분을 쌓는 일이다. 그 대신 겨울이면 로키 산맥 그들의 고장을 찾아 거대한 사슴류들을 잡는 것을 즐긴다. 일종의 사회적 교환이다. 원주민들에게 경제행위의 중요한 원리가 바로 이와 같이 '주는 것'이다. 즉시 다른 것으로 되갚아지건 아니면 굳이 자신에게 되갚아지지 않아도 언젠가는 이러한 경제행위가 돌고 돌다 보면 자신에게 어느 누구로부터이건 되갚아질 것이라는 기대가 존재한다. 자연 속에 있는 것을 서로가 주고받고 누리고 갚는 관계들이 이들의 사회적 생존의 기반이다. 한편 의례와 잔치에서 모두에게 베풀어 먹이는 것도 비슷한 원리이다. 이번에는 내가 베풀어 먹이고 다음 언젠가에는 다른 집에서 나를 베풀어 먹임으로써 두루두루 어머니 대지로부터 혜택을 받는 존재가 된다.

이러한 식량으로서의 연어, 사회적 생존으로서의 연어, 의례와 잔치 자료로서의 연어 모두를 관장하는 것이 초자연적 존재(신격)이다. 저 멀리 치헤일리스 강 상류의 언덕에서부터 강변 거주지역까지 세상을 변환시켜 오늘날 치헤일리스 원주민사회가 있도록 한 흐엘스는 연어를 안고 있는 형상이다.

결국 사람들은 생태계 속에서 자신들이 가장 주요하게 취하는 생물인 연어를 매개로 해서 자기 존재를 영위하고 사회적 실천을 하고 세상을 살아가는 가치관과 이념과 신앙을 표출하고 있다. 연어는 그래서 이들의 문화 전체를 잘 나타내는 대표적인 생물이다. 더구나 연어의 종마다 다른 특성을 잘 포착하여 어로를 하고 조리를 하며 그때그때에 맞는 사회적 교환과 의례를 행한다. 연어 그 자체만의 다양성을 통해서도 문화가 다양하게 전개된다.

문화: 더 넓은 자연의 세계를 여는 통로

문화는 자연의 생김새와 흐름과 그 안에 사는 온갖 것들을 설명하고 뜻을 해석하는 틀이다. 자연은 언제나 사람들이 의미의 자원을 캐는 근원이었고 사람들은 여기서부터 의미를 생산했다. 문화가 어떠한지에 따라 결국 자연은 달리 정의된다. 자연과 문화 사이의 접속지점에서 자연은 훨씬 넓고 다양한 세계로 형성된다. 예를 들어 의례나 예술과 같은 고도의 문화적 행위는 기실은 인간존재에게 고도로 자연을 넓혀 보여주거나 깊이가 있게 하거나 자연을 새로운 존재로 변형시켜 보여주는 행위이다. 자연으로부터 먹을 것을 얻는 생계활동을 하면서 한편으로는 자연의 성상에 적응을 하되 다른 한편으로 그 생계활동의 생존적 의미와 사회적 의미를 해석하는 인간의 사고도 자연 또 다른 세계로 펼쳐나가는 일이다. 인간에게 자연은 직접적으로, 실천적으로 만남으로써 의미가 생기고 의미가 확장되며 새로운 문화세계가 창출된다. 최근에는 자연을 연희한다(performing nature)라는 말이 많이 쓰이는데 이는 인간에게는 자연을 실천적으로 대하고 무언가 작동을 할 때 자연이 비로소 의미가 있어짐을 중시하는 논의들이다.[3]

원주민들은 바다와 강과 숲과 산, 그 안에 사는 모든 것들을 '하나'라고 말한다. 사실은 '하나'라는 말이 모든 것이 단일한 한 틀 속에 있다는 뜻이 아니다. 두루두루 연결되니 한통속이라는 말이 더 가깝다. 좀 더 정확하게 이야기하자면 원주민들은 '관계'를 설정하면서 자연을 대한다. 인간은 몸 속에 들어오는 특별한 동물과 식물이 있기에 성

---

3 예를 들어 G. Giannach & Stewart, N. (eds.), 2005, *Performing Nature*, Bern: Peter Lang AG, European Publishers.

인으로서 제구실을 한다. 관계를 설정하여 자연을 새로운 존재로 의미화하고 자신을 의미화한다. 수많은 나무들이 각기 인간에게 고유한 의미들로 다가가며 특히 시더나무는 밥그릇에서부터 혼을 씻기는 나뭇가지에 이르기까지 인간 존재의 모든 것을 감싸는 자연물로 의미화된다. 사스카치를 통해 숲과 강과 주거지역이 서로 연결된 존재로 치헤일리스 사람들에게 존재하며, 연어를 통해 바다와 강과 숲이 연결된다. 첫 번째 연어의례는 인간과 강과 연어의 생태학적 관계를 나타낸다. 연어는 생존, 사회적 교환, 잔치와 의례 모두를 감싸안는, 인간생활의 전체적 관계를 매개하는 존재이다.

이 원주민사회의 이야기가 단지 옛날 이야기, 민속적 전통에 불과할까? 그렇지 않다. 상품경제사회, 자본제사회가 되면서 서구문화의 영향을 받아 변형된 모습들도 있다. 또한 한동안 원주민 의례를 금지했던 조치 때문에 소실된 부분도 많다. 그러나 다시 살아나 지금 생생하게 살아서 움직이는 그들의 문화인 것만은 틀림이 없다. 그것도 이제는 현대사회 원주민의 권리와 정체성 표현을 위해 움직이는 문화이다. 그 핵심부에 자연에 대한 해석이 있고 생물다양성에 대한 문화다양성의 반응이 있다.

꼭 전통문화와 원주민문화에 국한해서 이야기할 필요가 없다. 현대사회의 얼마나 많은 시민들이 자연을 느끼려 하고 그 토양으로부터 얻는 것을 귀하게 여기는가? 현대사회의 콘크리트와 기계적 세계 속에 사는 사람들도 적어도 자연에서만큼은 다른 것을 기대한다. 건강식품이나 몸에 좋은 약을 찾는다는 뜻이 아니다. 물리적 세계를 넘어 살아

숨쉬고 움직거리는 생명의 세계를 상상하고 그것을 찾는 것을 가치있게 생각한다는 뜻이다. 이것은 '생태체험 프로그램'과 같은 현대적·기계적 기획주의 사고를 넘는 것이다. 어떤 과정을 거치건 자연으로부터 무언가 실질적이고 근본적이고, 인간 존재와 자기 사는 세상을 되돌이켜볼 의미 자원들을 얻고자 하는 것이다. 원주민들은 다양한 사물에 다양한 관계를 설정하는, '관계론적 사고(relational thinking)'를 통해 자기 존재를 자연에 연결했고 세상을 연결했으며, 이러한 일들을 통해 자기를 의미화했고 자연을 의미화했다. 그렇다면 우리는 무엇으로 자연을 접할 것인가? 자연을 접하는 현대 우리의 문화 역시 관계론적 사고에서 출발해야 할까? 지금까지 우리나라 전역에서 벌어지는 생태관광과 생태체험은 무엇일까? 자연을 어떻게 하자는 문화행위일까? 숙제가 참 많다.

생물다양성 보전을 위한 대책과 노력

노태호(한국환경정책·평가연구원 연구위원)

고려대학교 생물학과를 졸업하고, 동 대학원에서 동물학 석사학위를, 워싱턴주립대학교에서 생태학 박사학위를 받았다. 현재 한국환경정책·평가연구원(KEI) 연구위원으로 있다. 지은 책으로 『지구환경생태학』이 있으며, 옮긴 책으로 『물은 누구의 것인가』가 있다.

| 'HIPPO'의 이해—생물다양성 감소의 원인을 알면 대책이 보인다 |

앞에서 생물다양성의 정의와 이것이 주는 혜택과 중요성 그리고 경제와 문화 등 생물다양성에 대해 포괄적으로 살펴보았다. 우리들 삶에서도 다양성은 매우 중요한 의미를 지닌다. 단일한 사고로 획일성이 강조된 사회는 내부적으로는 질서정연하게 보일지 모르지만 외부적 충격이나 변화에 매우 취약한 성향을 보인다.

다양한 사고를 공유하며 보다 나은 사회를 만들기 위한 여러 노력들 가운데 최근 내가 관심을 가지고 주시하는 것이 있다. 정보와 지식의 향연인 인터넷상에서 의미 있는 생각과 철학을 재미있고 쉽게 나누어 보다 나은 미래를 함께 열고자 준비된 프로그램인 TED가 바로 그것이다. 2007년도 TED상을 받은 생물학자 에드워드 윌슨 교수는 이 프로

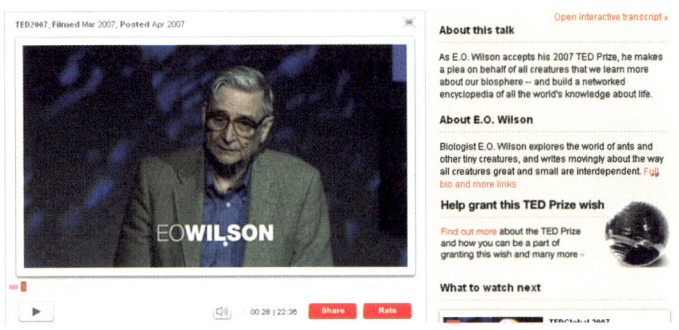

그림 1 | 자연주의 철학자인 하버드대 윌슨 교수의 2007년도 TED상 수상기념 연설내용의 동영상. 한국어를 비롯하여 12개국어로 자막이 제공되어 발표내용의 이해를 돕는다.
(http://www.ted.com/talks/lang/eng/e_o_wilson_on_saving_life_on_earth.html)

그램에서 생물다양성의 중요성을 강조하면서 모든 생물체가 지니고 있는 의의와 이들로부터 얻을 수 있는 방대한 유산을 지식화하자고 언급하고 있다.

생물다양성이란 용어가 현재의 유전, 생물종, 생태 등 세 가지 수준에서 포괄적 용어로 자리 잡게 된 것은 1985년도에 월터 로젠(Walter G. Rosen)에 의해 준비된 'National Forum on Biodiversity' 국제회의 이후부터이다. 이 회의의 발표물 및 토의내용을 정리한 책자를 윌슨이 'Biodiversity'라는 표제로 1988년 편집, 발간하면서 이 용어는 일반적으로 사용되기에 이르렀다. 이후 약 20년이 지난 2007년도 이 연설에서 그는 'HIPPO'라는 새로운 약어로 생물다양성을 저해하는 현대의 바람직하지 못한 거대한 영향을 설명하고 있다. 마치 거대한 '하마'를 연상케 하는 이 단어는 생물다양성이 왜 위협받는지를 간단명료하게 잘 설명하고 있다.

H는 'Habitat destruction', 즉 서식지의 파괴 및 악화를 의미하며, I는 'Invasive species'에서 따온 것으로 외래종의 침입 및 유입에 의한 영향을 말한다. P는 'Pollution', 대기, 수질, 토양 등 모든 매체에서의 환경오염을 가리키며, 그 다음 P는 'human overPopulation', 즉, 세계 인구의 급격한 증가는 다른 생물종의 존재에 위협적인 영향으로 작용했음을 지적한 것이다. 마지막으로 O는 'Overharvesting', 과도한 사냥과 수렵 그리고 벌채, 적정한 수준을 넘는 수산자원의 남획 그리고 일부 고효율만을 강요하는 농경재배 방식들이 지닌 부정적

표 1 | 환경 문제의 근본적 다섯 가지 원인 'HIPPO'의 의미

H	Habitat destruction	서식지의 파괴, 유실, 변형 및 단순화. 토목건설 등 인위적 영향에 따른 결과
I	Invasive species	지리적 격리라는 자연적 현상의 파괴에 따른 결과. 산업화 및 세계화에 따른 결과
P	Pollution	산업혁명 및 녹색혁명에 의한 자원의 남용 및 화학물질의 과도한 사용에 따른 결과
P	human overPopulation	지구생태계 특정 생물인자인 인간개체군의 급속한 증가로 인한 생태적 안정성 저해
O	Overharvesting	사냥, 수집, 남획 등에 의한 과도한 자원의 채취 그리고 단일작물 재배 중심의 농경방식으로 인한 부성석 결과

영향을 지적하고 있다.

'H' → 서식처의 변화 및 파괴

인류는 산업혁명 이후 급격한 개발을 이루어왔으나, 그 반대급부로 환경적인 측면에서 많은 문제들에 부딪히고 있다. 산업화의 결과 숲을 밀어버렸으며 보다 많은 자연환경을 파괴해왔다. 서식처의 변화 및 파괴는 동·식물 모두에게 매우 심각한 영향을 주게 되며, 이주성이 있는 동물에 비해 식물종들은 변화된 서식처에서 적응하여 생존해야만 하는 상황에 직면한다. 만약 적응하지 못하면 특정 지역 내에서는 사라질 수밖에 없다. 동물의 경우 서식처가 소형화되면 넓은 행동권을 갖는 대형 육식동물의 수가 격감하며, 서식처 내의 소음은 대부분의 동물종에게는 치명적인 영향을 미치게 된다.

이러한 서식처의 변화 및 파괴는 단지 다른 생물군에만 영향을 미치는 것이 아니라 우리 자신에게도 나쁜 영향을 준다. 실제로 생활터전을 잃고 있는 일부 토착민족의 경우 인구수의 급격한 감소로 멸종 위기에 처해 있다. 북미 원주민과 아프리카 원주민들 중 많은 종족이 그들 고유의 생활터전을 상실한 후 산업화된 문명에 적응하기 위해 이주하거나 새로운 방식으로 살아가야만 했다. 그러나 이러한 변화는 과거 수천 년 동안의 전통적인 생활방식과 조화를 이루지 못하여 알코올이나 마약 중독 등 심한 부작용을 일으켰다. 이러한 문제를 극복하기 위해 북미 원주민인 인디언, 에스키모인, 피그미, 부시맨 등 소수민족의 젊은 지식인들이 노력하고 있는 것은 참으로 다행스러운 일이다. 인류의 한 종족이 사라지는 것은 그들만이 지닌 문화를 함께 상실하게 되는 것이며, 이는 특정 생태계를 이해할 수 있는 가장 중요한 지식을 잃는 것을 의미하기 때문이다.

'I' ▸ 외부종의 유입

2000년 초 개봉되었던 영화 〈황산벌〉에서 김유신은 계백과의 한판 승부를 앞둔 시점에서 이렇게 읊조린다. "강안(한) 놈이 살아남는 기(게) 아이고(아니고), 살아남은 놈이 강안(한)기야(거야)……"라고. 적지 않은 사람들의 공감을 얻었을 이 표현에는 단순히 '그럴 수 있겠구나……'라고 쉽게 생각할 수 있는 그 이상의 의미, 즉 중요한 생태학적 메커니즘이 내포되어 있다. 역사적 두 인물의 이러한 상호작용, 즉 우열을 반드시 판가름내야만 하는 관계는 근본적으로 그들이 속한 국가간의 대립적인 역학관계에서 기인하지만 개체(개인)적 차원에서는 '가우스의 원리(Gause's Principle)'가 작용하기 때문이다.

가우스의 원리, 일명 경쟁배타의 원리로 잘 알려진 이 이론의 기본은, 어떠한 환경에서도 동일한 생태적 기능을 지니는 둘 이상의 종이 공존할 수 없는 현상을 예리하게 통찰한 이론으로서, 귀납적 접근을 분석방법의 기초로 삼는 생명과학 분야에서 몇 안 되는 중요한 일반론적 원리들 가운데 하나이다. 특정한 계(system)에 있어 다양한 생물종들이 우열의 가름을 통해 독특한 기능을 지닌 구성원으로 '선택(selection)' 또는 '분화(differentiation)' 되는 메커니즘을 설명한 것이다. 가우스의 원리를 대변하는 좋은 예는 자원분할의 대표적인 사례로서 잘

그림 2 | 애완용 곤충류로서 인기가 높은 동남아시아산 사슴벌레류의 일종. 이러한 외래종들이 유입될 경우 장수하늘소를 비롯한 한국 고유의 대형 딱정벌레들의 다양성이 감소할 가능성이 높다. (지구환경생태학. 2007)

알려진 다윈의 '핀치새'를 들 수 있으나, 이밖에 인류 역사에서도 여러 가지 예들이 존재한다. 15세기 말 콜럼버스의 신대륙 도착에 이은 북미대륙의 지배자 교체는 가우스 원리의 매우 좋은 예이다. 가우스 원리에 입각한 북아메리카 원주민과 유럽인의 경쟁은 치열했으나 특정한 생태적 지위의 주체는 결국 바뀌고 말았다.

어느 지역에 본래부터 고유하게 서식하고 있지 않았거나 지리적으로 격리되어 있어 개체군의 유지 및 유입이 불가능한 생물종을 외래종(Invasive species, exotic species)이라 한다. 이러한 외래종의 무분별한 인위적 유입은 특정한 지역 또는 국가의 고유한 생태적 구조와 기능을 교란시킨다. 특히 종다양성 측면에서 토착개체군(종)의 보존에 매우 부정적인 영향을 미칠 수 있다. 인류가 지닌 호기심과 소유욕 때문에 관상용·경관용 또는 식용으로서 생태적으로 전혀 다른 지역에 분포하는 생물종이 유입되거나 이동한다. 또한 해충의 생물학적 방제를 위해 여러 가지 천적이 특정 생태계에 도입되어왔다. 이러한 활동은 생물종들이 지리적으로 격리되어 있는 현상을 교란하는 결과를 유발한다. 과거 존재하지 않던 새로운 외래종의 유입은 기존 생태계의 생물적 요소의 변화를 일으켜 결국 생물다양성을 감소시킨다.

'P' → 환경오염

현재 우리가 직면한 수많은 환경 문제들의 근원은 1960년대 중반 이후 일어난 녹색혁명에서 시작된다. 30~40년 전만 해도 일반인들은 생태학을 제대로 이해하지 못했다. 1950~60년대의 기술발달이 인간의 모든 문제를 해결해줄 수 있다고 생각했으며, 그 해답 또한 명료하고 단순할 것이라고 믿었다. 그러나 기술발전의 부작용으로 나타난 오염의 문제는 여기저기에서 심각한 문제를 야기했다. 대표적인 문제들로는 디디티(DDT)로 인한 야생생물 특히 조류군집의 감소, 각종 화학물질의 먹이연쇄에서의 농축, 폴리염화비페닐(PCB)과 같은 물질의 생물에 대한 영향 등을 들 수 있다. 이러한 문제는 1961년 카슨(R. Carson)의 『침묵의 봄』이란 책을 통해 일반인들에게 비로소 널리 알려지게 되었고, 일본에서 미나마타병과 이타이이타이병이 나타남으로써 표면화되었다.

'P' → 급격한 인구증가

어떠한 생태계 내에서의 급격한 자연환경의 변화는 기능상의 변화를 초래하고 그 변화가 장기적으로 지속될 때에는 고유의 항상성을 상실하여 회복 불가능한 상태로 만들 수 있다. 이러한 의미에서 우리는 지구생태계에서 주요한 생물적 구성요소의 하나인 인간의 수적 증가에 관심을 기울일 수밖에 없다. 인간이라고 하는 지구생태계 내의 중요한 생물적 요소는 45억 년의 지구역사상 근래에 들어 가장 짧은 기간 동안 급속하게 양적 팽창을 이루었으며 자연환경에 과중한 스트레스를 주었다. 단일생물종의 급격한 수적 증가와 이에 따른 자원의 고소비, 그리고 그 결과 많은 문제들 특히 환경오염이라는 부정적인 문제를 낳았다. 이러한 결과는 또한 다른 생물종의 생존과 번식에 영향을 미쳐 생물다양성 감소라는 심각한 문제를 유발하게 되었다. 인류는 지구라는 생물권에서 항상성과 안정성의 기능에 의해 이루어진 평형상태를 깨뜨린 특정 개체군이라고 볼 수 있다.

'O' → 과도한 사냥, 수집 및 자원의 남획

과도한 사냥과 애완용 동·식물의 거래 또는 수집은 전체 멸종원인의 약 44%를 차지하는 가장 심각한 문제이다. 이를 세분하면, 상업의 목적을 위한 사냥이 21%, 오락성 사냥 12%, 생계형 사냥은 6%이며, 수집에 의한 것이 5%를 차지하고 있어 대부분이 피할 수 있는 항목들이다. 특정 민족이나 종족은 생계유지 수단으로 일부 생물을 포획해왔는데, 이는 에스키모 원주민들의 고래사냥을 예로 들 수 있다. 이들의 고래사냥에 대해 일부 단체들은 반대 입장을 보이나, 실제로 이들이 미치는 영향은 극히 미미하다. 북미에 번성했던 들소는 오랜 기간 동안 북미 원주민의 식량과 의복류로 활용되어왔는데, 백인의

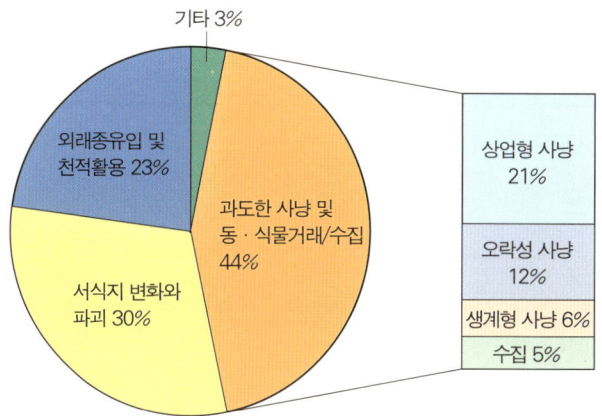

그림 3 | 생물종의 멸종원인의 상대적 비교. 사냥과 수집이 대부분을 차지하고 있어 생활방식 및 사고의 전환만으로도 주된 멸종의 원인을 방지할 수 있는 대책의 수립이 가능하다.

손길이 미치기 전에는 매우 높은 밀도로 원주민과 함께 공존해왔음이 이를 반증한다. 따라서 수익성을 위한 사냥과 인간의 기존 활동에 의해 유발되는 멸종의 원인을 줄이는 것이 매우 시급하다고 할 수 있다. 이러한 인위적 활동에 의해 멸종의 위기에 처한 종으로는 아프리카코뿔소, 코끼리 및 악어, 북미들소, 동양의 곰류 및 맹수류 등을 들 수 있다.

윌슨 교수가 지적한 이러한 다섯 가지 원인을 담은 신조어 'HIPPO'는 짧고 단순한 단어이지만 생물다양성을 감소시키는 요인에 대한 포괄적인 내용을 고스란히 담고 있다. 원인을 모르고 병을 치료할 수 없듯이 환경·사회 문제에서도 그 원인을 제대로 규명했을 때 이를 해결하는 방안 즉, 대책을 수립할 수 있다. 결국 지금 우리가 생물다양성을 보전하기 위해 힘을 모으고 방안을 찾는 것은 이 다섯 가지 원인을 예방하고 이를 줄여나가는 것에 기초하면 될 것이다. 즉, 생물다양성 보전대책이란 'HIPPO' 다섯 가지 현상(원인)을 사전에 방지하거나 진행 중인 사항을 저감시키는 기술적·제도적·사회적 장치 그리고 개개인의 이해와 노력이라고 할 수 있다.

눈여겨봐야 할 국제환경협약—협약이행이 생물다양성 보전대책의 기본이다

생물다양성 보전대책은 전 지구적 차원에서 생각해야 할 사항이다. 지구가 하나의 생태계로서 작용하고 또한 많은 생물들이 여러 나라에 걸쳐 생활하고 그 세대를 이어가기 때문이다. 미국 뉴욕 소재의 국제연합은 전 지구적인 문제와 해결을 위해 세계 모든 국가들이 머리를 맞대는 곳이다. 이곳에서 모든 국가들은 함께 노력하고 지켜나가야 할 사항을 규명하고 합의하려 노력한다. 이러한 국가 간의 약속을 일반적으로 협약(convention)이라 한다. 그렇다면 유엔의 대표적인 3대 환경협약은 무엇일까? 생물다양성협약(CBD, Convention on Biological Diversity), 기후변화협약(UNFCCC, United Nations Framework Convention on Climate Change), 그리고 사막화방지협약(UNCCD, United Nations Convention to Combat Desertification)이 바로 그것이다. 생물다양성협약은 전 지구적인 생물종의 관리 및 보존에 있어 가장 중심이 되는 국제협약으로서 포괄적인 내용을 담고 있다. 나머지 두 가지 협약에 있어서도 생물다양성 보전의 중요성 또한 무게 있게 다루어진다.

멸종위기종 내지 생물다양성 보전 문제에 대한 국제적 논의가 결실을 맺기 시작한 것은 국제조류보호협약이 체결된 1950년부터이다. 이후 1956년 동남아시아-태평양지역 식물보호협정, 1971년 물새 서식지로서 국제적으로 중요한 습지에 관한 협약(람사협약, RAMSAR)이 발효되었다. 세계문화 및 자연유산 보호협약(세계유산협약)은 1972년에, 멸종위기에 처한 야생동식물종의 국제거래에 관한 협약(CITES)은 1973년, 그리고 1979년도에 이동성 야생동물 보전에 관한 협약(CMS)이 체결되었다. 그 뒤 가장 포괄적인 내용을 담고 있는 생물다양성협약은 1992년 발효되어 현재에 이른다.

생물다양성협약(CBD)

1988년 유엔환경계획(UNEP)은 생물다양성 보전에 관한 전문가 회의를 개최하여 국제적인 생물다양성협약의 필요성을 검토하였으며, 1989년 기술 및 법적 문제에 관한 전문가 회의에서 생물다양성의 보전과 지속적 이용을 위한 국제법적 수단을 준비하게 되었다. 이 회의는 1991년 정부간 협상위원회를 발족하였으며, 1992년 5월 나이로비 생물다양성협약 전권대표회의에서 이 협약을 채택하기에 이른다.

이와 비슷한 시기인 1992년 6월의 리우회의에서 한국을 포함한 156개국의 세계 지도자와 과학자들이 모여 최초로 인구, 환경 및 개발을 총괄적으로 다루면서 지속성 있는 인간사회를 형성하기 위한 리우환경선언이 발표되었다. 리우회의 이후 각국들의 생물다양성 보전에 관한 관심이 증폭되면서 각국이 생물다양성협약에 서명을 시작하였다. 이 협약에 1993년 몽골이 30번째로 비준서를 협약, 수탁기관인 유엔 사무총장에게 기탁하였는 바, 협약규정에 따라 그로부터 90일째인 동년 12월 29일부터 발효하기 시작하였다. 우리나라는 1994년 10월에 공식적으로 가입하였으며 2010년 기준으로 193개국이 가입되어 있다.

생물다양성협약의 채택배경은 생물다양성 보전 필요성에 대한 범지구적 인식의 확대 및 개도국의 생물다양성에 대한 주권적 자원화 주장 제기 등 두 가지를 들 수 있다. 이러한 생물다양성협약의 채택은 생물자원에 대한 생물종 보유국의 주권적 권리와 생물종에 대한 이용국의 접근권을 함께 규정함으로써, 향후 생물종의 보유, 이용과 관련한 국제적인 권리·의무관계의 모태가 되었다.

생물다양성협약의 목표는 인간의 경제개발활동으로 생물종의 다양성이 현저하게 감소함으로써 자원의 손실 및 생태계의 불안정이 생겨나는 상황에 대처하고 천연서식지의 보호 등을 통해 생물종의 다양성을 보전하는 것이다〔생물자원의 보전〕. 또한 생물자원의 지속가능한 이용을 확보하고〔생물자원의 지속가능한 이용〕, 유전자원의 이용으로부터 파생되는 혜택을 유전자원 제공국가와 사용국가 간 공평하게 배분하는 것이다〔생물자원의 이용에 따른 그 이익의 공평한 배분〕. 본 협약의 이러한 세 가지 목표를 일반적으로 생물다양성협약 3대 원칙이라 한다.

생물다양성협약은 전문과 42개 조항의 본문 및 2개의 부속서로 구성

그림 4 | 유엔이 정한 2010 생물다양성의 해. 제10차 생물다양성협약 당사국 총회는 지구의 생물을 보존하고 다양성을 보전하기 위한 의정서를 채택하였다.

되어 있으며, 주요 내용은 크게 가입국의 생물다양성 보전의무와 생물다양성 보전을 위한 가입국간 협력부분으로 구분할 수 있다. 국내적 의무로는 생물다양성의 보전과 지속가능한 이용을 위한 국가전략의 수립, 생물다양성 구성요소의 조사 및 감시, 보호지역의 설정 등 현지 내(in-situ) 보전조치, 종자은행 설립 등 현지 외(ex-situ) 보전조치의 시행, 생물다양성 보전을 고려한 환경영향평가 수행 등 여러 사항을 포함하고 있다. 가입국간 협력사항으로 타국 보유 유전자원 접근 시 해당국의 사전승인을 받도록 하는 제도(PIC, Prior Informed Consent) 도입, 생명공학기술 등 생물다양성 보전기술을 타 가입국에게 이전 촉진, 유전자변형생물의 안전한 국가간 이동 및 관리를 위한 의정서 채택 검토, 개도국의 협약이행을 위한 재정지원 조항 등이 있다.

2010년 10월 193개 당사국 1만 8천여 명의 참가자들이 모인 일본 나고야 10차 생물다양성협약 당사국 총회(CBD COP10)는 세 가지 중요한 목표를 달성했다고 평가된다. 이 세 가지 목표란 국제적이며 국가적인 노력을 이끌 향후 10년 전략계획의 채택, 생물다양성에 대한 공식적 지원을 현재 수준에서 실질적으로 증가시키기 위한 방법을 제공하는 자원유통전략 수립, 그리고 지구 유전자원의 이용을 공유할 수 있도록 한 새로운 국제의정서의 도입 등이다.

이동성 야생동물종의 보전에 관한 협약(CMS)

이 협약은 1983년에 발효된 것으로 자연환경 보전에 있어서 오래된 대표적인 환경협약이다. 이동성 생물종에 대한 국제적 관심은 1960년대 초반부터 시작되었다. 1972년 UN인간환경회의(United Nations Conference on the Human Environment)에서 이동성 생물종의 보전에 대한 국제적 필요성이 논의되었으며, 본 논의에 기반하여 1974년 독일(서독) 정부와 세계자연보전연맹의 협력으로 이동성 야생동물종 보전협약 초안이 작성되었다. 이후 다수 국가들과 협상을 거쳐 1979년에 독일 본에서 전문과 20개조의 본문 그리고 2개의 부속서로 구성된 동 협약이 체결되었으며, 1983년 11월에 발효되었다. 이 협약은 2008년 현재 주로 아프리카와 유럽, 남미 국가들을 중심으로 107개국이 가입하고 있으며, 주요 미가입 국가들로는 미국, 중국, 일본 등이 있다.

우리나라는 2000년도 중반 정부 차원에서 이동성 야생동물종의 보전 협약 가입을 신중히 검토, 가입을 목전에 두고 있다.

이 협약은 이동성 야생동물과 이들의 서식지 보전 및 지속가능한 이용을 위한 국가적 조치와 국제적 협력에 관한 규범적 골격을 형성하는 국제환경협약인 동시에 특정 생태계의 보전을 대상으로 하는 범지구적 차원의 협약이다. 또한 생물의 특성상 보전을 위하여 국가간 협력이 필요한 이동성 야생생물종의 보호에 초점을 맞추고 있으며, 이들의

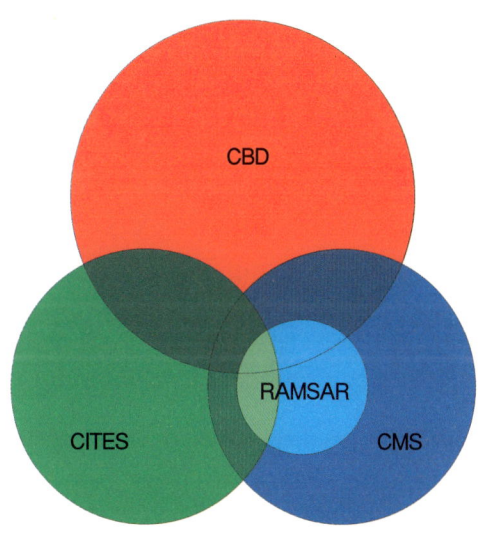

그림 5 | 생물다양성 관련 네 가지 국제협약간의 상관관계를 보여주는 모식도. 포괄적인 CBD(생물다양성협약)를 중심으로 CITES(야생동·식물의 국제거래에 관한 협약), CMS(이동성 야생동물종의 보전에 관한 협약)가 좁은 범위에서 보완적인 관계를 맺으며 RAMSAR(람사협약)가 매우 구체적인 대상의 보전적 내용을 담고 있다.

근본적인 보전을 위한 서식지의 보호와 이동경로중의 장애요인들에 대한 대안을 제시하고 있다. 따라서 이동성 야생동물종 보전협약은 생물다양성협약의 포괄적인 생물다양성 보전이라는 틀 아래에서 이동성 생물종에 대하여 초점을 맞추어 생물다양성협약에서 제공하지 못하는 실질적이고 세부적인 보전방안을 제시하고 있다. 또한 야생동·식물의 국제거래에 관한 협약이 포함하지 못하는 생물종(조류, 상어류, 바다거북 등 71가지 이동성 생물종)의 보전활동과 이 협약에서 규제되지 않는 이동성 생물종의 서식지 보호 및 살상행위와 국내거래에 대한 부분을 보완한다. 아울러 람사협약에서 포함하지 아니하는 이동성 해양동물 및 이들의 서식지 보호, 이동성 생물종의 이동경로 보전 등의 역할을 수행하고 있다.

야생동·식물의 국제거래에 관한 협약(CITES)

1963년에 개최된 세계자연보전연맹의 총회에서 희귀하거나 위협받고 있는 종 또는 이러한 종으로 만들어진 물품의 수출입과 운송을 규제하기 위한 국제회의 개최를 결의하였다. 10년 후 1973년 워싱턴에서 '멸종위기에 처한 야생동·식물의 국제거래에 관한 협약(Convention on International Trade in Endangered Species of Wild Fauna and Flora)'이 체결되었으며 1975년부터 효력을 발휘하고 있다.

이 협약은 현재 가장 성공적인 야생동·식물 보호협약으로 인정받고 있으며, 그 목적이 경제적으로 거래되는 생물자원의 보호에 있으므로 타 협약에 비하여 명료한 원칙을 지닌 것으로 평가된다. 본 협약에서 다루어지는 종들은 세 가지로 구분되는데 제1부속서에 지정된 종은 절멸의 위험에 처한 종으로 일부 예외적 상황을 제외하고는 상업적 교역이 금지된다. 예외로 교역이 허용되는 경우에도 수출입국의 허가가 필요하다. 제2부속서에 해당하는 종은 향후 멸종할 위험이 있는 종으로 상업적 교역은 허용하나 해당종의 생물학적 위치에 영향을 미치지 않는다고 확인되는 경우에 수출국의 허가에 의하여 수출이 가능하다. 마지막으로 제3부속서에 명시된 종은 협약 당사국이 국내의 종을 보호하기 위하여 국제적인 협력이 필요하다고 판단되어 지정된 것으로 수출국의 허가가 필요하다.

이러한 허가현황은 각국의 관리당국에 의하여 협약의 사무국으로 보고된다. 즉, 본 협약은 보호대상인 야생동·식물의 교역을 허가제도에 의하여 통제하고 그 현황을 사무국에서 집계함으로써 야생동·식물의 보호를 목적으로 하고 있다. 협약국은 비협약국과의 교역을 금지하지는 않으나 협약의 조건에 준하는 문서를 발부함으로써 교역할 수 있다.

본 협약은 성공적인 생물보호협약이라 평가되고 있으나 비가입국의 가입을 강요할 수 없으며, 협약 가입국이라도 종자원의 보전을 유보할 수 있어 협약의 실효성이 감소되고 문제점을 안고 있다. 우리나라는 국제민간단체의 노력으로 1993년 122번째 체약국이 되었다.

물새 서식지로서 국제적으로 중요한 습지에 관한 협약(RAMSAR)

1960년대 국제물새연구기구(International Waterfowl Research Bureau)

의 주관으로 습지의 파괴를 막기 위한 국제회의가 수차례 열렸으며, 1971년 이란의 람사(Ramsar)에서 '물새의 서식지로서 국제적으로 중요한 습지에 관한 협약(Conservation on Wetlands of International Importance Especially as Waterfowl Habitat)'이 체결되었다. 람사협약이라 부르는 이 협약은 1975년 말부터 효력을 발휘하고 있다.

 이 협약은 습지의 잠식 또는 상실을 막는 것을 목적으로 하고 있으며 협약에서 정의하는 습지의 범위는 매우 광범위하다. 협약의 기본원칙은 습지의 현명한 이용 및 지정된 습지의 특별보호이다. 협약에 가입한 국가는 자국 스스로의 판단으로 국제적으로 중요하다고 판단되는 습지를 협약가입 시 최소 한 개 지역을 지정하게 되어 있다. 조약에 가입한 당사국은 협약에 따라 지정된 습지의 보전을 위하여 노력해야 하지만 구속력은 거의 없다. 또한, 가입국 대부분이 대상 습지를 국내법으로 보호하고 있으므로 특별한 구속의 의미는 없다고 할 수 있다.

 그러나 협약은 각 조약국이 지정되지 않은 습지를 가급적 현명하게 사용하도록 국가 스스로 계획을 작성하고 시행할 것을 규정하고 있다. 1980년대 초까지 본 협약 가입국으로 일부 선진국들만이 구성되어 그 규모가 미약하였으나 1990년에 개발도상국의 습지보호를 후원하기 위한 습지보전기금(Wetlands Conservation Fund)이 조성된 이후 활동이 활발해지고 있다. 우리나라는 1997년에 이 협약에 가입하였고 2008년 제10차 람사총회를 개최한 바 있다.

우리의 생물다양성 보전대책—보존이란 이름의 장대를 사용하는 높이뛰기

보존(preservation)과 보전(conservation)은 어떻게 다른가? 환경에 관심이 있는 사람이라면 한번쯤은 생각해보았을 문제다. 우선 그 차이점을 분명히 정의하고 우리의 생물다양성 보전대책을 더 깊이 있게 알아보는 것이 좋을 듯하다. 얼마 전 우리는 남대문을 잃는 아픔을 겪어야만 했다. 남대문의 소실, 이것은 보존의 실패인가 보전의 실패인가? 둘 다 가능한 답일 수 있겠으나 우선적으로 '보존에 실패한 것'이라고 답하는 것이 타당할 듯싶다. 남대문을 완벽하게 보존하는 방법은 아마도 대형 유리관을 만들어서 사람의 접근을 원천적으로 차단하는 동시에 비바람으로부터 이를 보호하고, 되도록 오염된 대기나 빛의 영향을 받지 않도록 하여 산화되거나 탈색되는 것도 방지하는 등의 첨단시설을 사용하여 원형 그대로의 모습을 간직하는 것이다. 그렇다면 남대문을 보전하는 것은 무엇을 의미하는가? 이는 남대문의 원래의 기능과 국보로서의 가치를 동시에 유지시키는 것이라 할 수 있다. 어린이들로 하여금 남대문을 만져보고 올라가보게도 하여 남대문이 어떠한 역할을 하는지 체험할 수 있도록 한다. 동시에 보수가 필요할 경우 과거 기록에 따른 동일한 재료와 기법을 활용하여 이를 유지·보수하여 남대문이 지닌 국보적 가치를 적극적으로 느끼게 하면서 이를 보호하는 것이다.

이와 같이 보존은 어떠한 것의 구조적인 특징에 중점을 두어 있는 그대로 존속시키도록 보호하는 것이다. 즉, 존재시키는 기작에 중심을 둔 용어라 할 수 있다. 이에 반해 보전은 기능적 특징의 보호에 무게를 두고 이를 지키려는 일련의 노력과 기법을 말한다고 풀이할 수 있다. 즉 어떠한 것이 지닌 고유한 역할 또는 무형의 가치를 지켜나가는 것을 의미한다. 결국 보존이 먼저 이루어질 때 보전을 할 수 있다는 상호관계가 성립한다. 따라서 생물다양성의 '보전'은 이를 구성하는 생물종들의 '보존'을 전제로 이루어진다는 것을 알 수 있다. 육상경기의 장대높이뛰기 게임을 상상해보자. 장대가 튼튼하고 높을수록 뛰어넘는 높이가 증가하는 것처럼 많은 생물종의 보존이 가능할 때 생물다양성의 보전은 더욱 증대되는 것이다.

우리나라의 생물다양성 관리현황 및 국외동향

우리나라에서는 환경부의 자연환경보전법과 야생동·식물보호법, 농림해양수산부의 종자산업법 등에 의해 생물자원이 법적으로 보전·관리되고 있으나, 생물자원을 우리나라의 국부로 인식하고 체계적으로 연구하고 보전 및 활용하기 위한 기술적·제도적 관리는 선진 외국에

표 2 | 외국의 주요 기관에서 보유하고 있는 생물자원 현황

미국	영국	독일	프랑스	일본	중국
스미소니언: 1억 5,400만 점	국립자연사박물관: 6,700만 점 큐식물원: 700만 점	국립식물원: 식물 2만 2천 종	국립자연사박물관: 7,600만 점	국립과학박물관: 340만 점	중국과학원: 1,600만 점

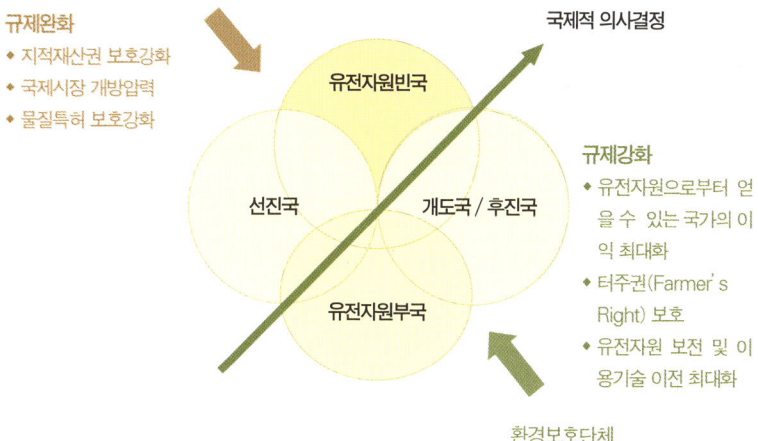

그림 6 | 국제사회에서의 생물자원에 대한 국가별 이해관계(지속가능한 국가비전 설정을 위한 환경정책의 미래전략, 2007)

비할 때 미흡하다. 환경부 국립생물자원관(2007년)에 확보된 생물자원 표본은 국내 밝혀진 생물종수(약 3만 종)의 22%인 6,600여 종이다. 농림부 농촌진흥청 종자은행(저온저장시설)에서는 1,132작목, 153,306점, 국립산림과학원 등에서는 1,128종 1,130만 점 식물을 보유하고 있으나, 이는 외국에 비해 크게 뒤떨어지는 수준이다.

국제적으로는 생물자원관리에 있어 생물종이 풍부한 국가와 빈약한 국가, 선진국과 후진국 간 의견이 대립되고 있다. 그러나 최근 생물자원이 풍부한 개발도상국들의 자원보호 움직임이 커지는 가운데 생물다양성협약 등 국제협약이 생물자원의 보유주권을 존중하는 방향으로 움직이고 있다. 현재까지 생물다양성협약의 세 가지 원칙은 선언적인 차원에서 의미가 있었으나 필리핀에서는 이를 이미 자국의 법에 적용하였다. 또한 남미 여러 나라에서는 자국의 생물자원 보호를 강화하기 위하여 이에 관한 입법을 준비하거나 지역 차원에서 대응하고 있으며 이러한 움직임은 세계적으로 확산되고 있다.

생물다양성 보전전략 및 이행계획

우리나라는 관계부처 합동으로 2009년부터 2013년까지 5년간 추진할 생물다양성 보전대책을 종합적으로 수립하여 이를 이행하고 있다. 생물다양성의 보전과 지속가능한 이용, 유전자원의 이용으로부터 발생하는 이익의 공평한 배분 등 3대 목표 성취를 위해 국가생물다양성 전략을 수립하고 5대 분야, 14개 추진전략별로 이행계획을 수립하고 있다. 5대 추진전략은 ① 생물다양성 구성요소 보호 ② 생물다양성에 대한 위협에 대처 ③ 생물다양성의 지속가능한 이용 ④ 전통지식 보호 및 유전자원 이익 공유 ⑤ 재정적·인적·기술적 지원 등 국제협력 및 평가이다.

이들 5대 분야(추진전략)는 하위단계의 14개 전략과 이에 따른 18개 이행계획에 따라 실천되도록 계획되어 있다. 생물다양성의 효과적인 보전대책 분야에 있어서는 주요 생태계 및 보호지역의 보전, 멸종위기종 분포조사 및 유전자다양성 보전의 세 가지 전략이 설정되었다. 생물다양성의 지속가능한 이용을 위해서는 이에 대한 방안과 재화 및 서비스 생산력 유지가 중요한 추진전략이다. 생물다양성에 대한 위협대

그림 7 | 생물다양성 보전을 위한 5대 추진전략(생물다양성 보전전략 및 이행계획, 2009)

처 부분에 있어서는 침입성 외래종 조사 및 관리, 유전자변형생물체 관리, 그리고 기후변화 대응체계 구축의 세 가지 전략을 설정하여 추진 중이다. 전통지식 및 지역사회 다양성보호와 유전자원 접근 및 이익공유 전략은 유전자원 접근 및 이익공유 분야를 구성한다. 마지막으로 국제협력 및 홍보를 위해서는 기술이전 및 재원제공, 국제협력 및 이해관계자 참여, 교육 및 홍보 그리고 모니터링 및 평가의 네 가지 전략이 중심이 되어 실천된다.

이러한 추진전략과 이행계획은 생물다양성협약에서 언급되는 중요 주제와 연관성을 지니고 있으며, 향후 생물다양성협약 국가보고서의 작성 시 협약이행 성취도를 가늠할 수 있는 척도로 활용할 수 있다.

그림 8 | 우리나라의 생물다양성 보전을 위한 5대 분야 및 14개 추진전략(생물다양성 보전전략 및 이행계획, 2009)

국가 차원의 보호구역 지정과 멸종위기종 복원—긴 호흡의 보전대책

종은 생물학적으로 멸종의 길에 들어서거나 혹은 인위적 교란에 의해 멸종의 위기에 처하기도 한다. 지구상에 존재했던 대부분의 종들은 현재 찾아볼 수 없다. 즉, 자연적이든 인위적이든 멸종에 이르렀다는

표 3 | 생물다양성협약의 중점 영역에 대응하는 우리나라 생물다양성 보전 추진전략

생물다양성협약 중점 영역	우리나라 전략 (2009~2013)
생물다양성요소 보호	1. 주요 생태지역의 효과적 보전 1-1. 주요 생태지역의 생물다양성 보호 1-2. 보호지역의 확충과 보전
	2. 종다양성 보전 2-1. 지구식물 보전전략 2-2. 멸종위기종 분포조사 및 복원
	3. 유전자다양성의 보전
지속가능한 이용증진	4. 지속가능한 이용 및 소비 4-1. 생태계 접근법 적용 4-2. CITES 이행
생물다양성에 대한 위협에 대처	5. 침입성 외래종 조사 및 관리
	6. 유전자변형생물체 관리
	7. 기후변화 대응체계 구축
인류복지를 위한 생물다양성 유지	8. 생태계의 재화 및 서비스 생산력 유지 8-1. 생태관광 8-2. 유인조치
전통지식, 혁신, 관례 보호	9. 전통지식 및 지역사회 다양성보호 9-1. 전통지식 보호 9-2. 지역사회의 사회문화적 다양성 보호
유전자원에서 비롯된 혜택의 공정, 공평한 공유 보장	10. 유전자원 접근 및 이익공유
재정적·인적·기술적 지원 구축	11. 기술이전 및 재원제공 11-1. 기술이전 11-2. 재정재원 및 체계
	12. 국제협력 및 이해관계자 참여
	13. 의사소통, 교육 및 인식제고 13-1. 의사소통, 홍보 13-2. 교육 13-3. 정보공유체계
모니터링 및 평가	14. 모니터링 및 평가 14-1. 모니터링 및 조사 14-2. 지구분류화사업

것이며, 이는 생물적 또는 비생물적 환경변화에 성공적으로 적응하지 못했기 때문인 것으로 해석된다. 예상치 못한 급격한 대재앙이 지구상에서 일어났을 때, 자연적 멸종은 가속화·대량화된 것으로 추정되고 있다.

그러나 현대에 이르러 많은 종류의 생물들은 인간의 활동에 의해 직·간접적으로 멸종의 위기에 직면하고 있다. 과도한 사냥, 서식처의 파괴, 그리고 해충방제나 경관사업의 목적 등으로 도입되는 다른 생물종 등은 인위적 영향의 대표적인 사례이다. 이러한 인간의 활동에 의한 멸종은 특히 척추동물의 종다양성에 중대한 영향을 미치고 있다. 과거 200년 동안 지구 전체적으로 100여 종의 포유류와 160여 종의 조류가 인위적 활동에 의한 영향으로 멸종된 것으로 보고되었으나, 조사대상을 다른 동물군으로 확대해보면 이보다 훨씬 더 많은 생물종이 영향을 받거나 멸종되었을 것으로 추산된다.

현대에 우리가 직면하는 멸종현상은 자연적 멸종과는 거리가 멀다는 것이 일반적인 견해이다. 앞에서 언급한 바와 같이 과도한 개발에 의한 서식지의 감소, 교역의 증가로 인한 지리적 격리효과의 상실, 외래종의 유입 등은 인위적 멸종의 원인으로 등장하고 있다. 최근의 생물다양성 감소 원인이 이와 같이 인위적 요인에 기인한다는 인식이 증가하면서 이에 대한 반작용, 즉 생물다양성이 급감하는 추세를 완화하고 대응하기 위한 노력이 세계적으로 확산되고 있다. 대표적인 노력인 멸종위기종의 보존을 위한 접근은 그 규모에 있어 종(개체) 복원수준에서부터 광범위한 서식지 보존을 위한 차원에 이르기까지 과학적·

기술적 그리고 제도적 접근 등을 통해 다양하게 시도되고 있다.

멸종위기종과 생물권보전지역

유네스코 생물권보전지역(Biosphere reserve)은 생물다양성 및 생물자원 보전이라는 측면과 이에 대한 지속가능한 이용을 조화시키기 위해 마련된 프로그램이다. 따라서 생물권보전지역은 그 자체가 개념인 동시에 도구로서의 기능을 함께 지닌다고 할 수 있다. 이러한 생물권보전지역은 보전(conservation), 발전(development), 지원(logistic)의 세 가지 상보적인 기능을 충족시켜야 한다. 여기서 보전이란 보호가 필요한 유전자원, 종, 생태계, 경관을 보호·유지하는 것이며, 발전이란 지속가능한 경제발전과 인간발전을 촉진하는 것을 의미한다. 지원은 시범사업, 환경교육과 훈련, 연구와 모니터링 등을 통해 앞의 두 가지 기능이 용이하게 수행되도록 도움을 주는 기능을 포함한다.

생물권보전지역은 세 개의 구역(핵심지역, 완충지역 및 전이지역)으로 이루어지는데 이중 멸종위기종을 위시한 생물종의 다양성 보전, 생태계에 미치는 교란을 최소화한 모니터링, 그리고 비파괴적인 연구와 같이 영향이 적은 이용을 위한 곳이 핵심지역이다. 생물권보전지역의 이러한 구획개념은 보호지역을 생물지리학적 경관의 중요 부분으로 발전시켜야 한다는 생각과 밀접하게 연관되어 있다. 멸종위기에 놓인 종의 수는 활용 가능한 생물자원의 수를 훨씬 초과하며, 이러한 상황은 더욱 빠르게 악화될 것으로 보여 보전의 우선순위를 파악하는 것을 더 어렵게 한다고 보고된 바 있다.

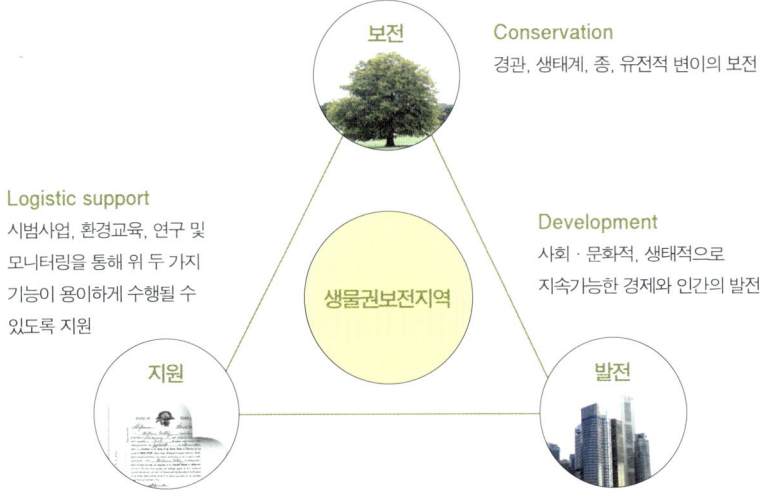

그림 9 | 생물권보전지역의 보전, 발전, 지원의 세 가지 기능을 설명하는 개념도
(http://unescomab.or.kr/main.php)

이를 극복하기 위한 방법은 생물다양성의 핫스팟(hotspot)을 보전하는 것이다. 핫스팟을 보전하는 것은 멸종위기종의 복원과 병렬적으로 시행되어야 할 사항이다. 마다가스카르 섬의 생물다양성 핫스팟인 마나나라 노르, 브라질의 대서양 삼림의 대규모 생물권보전지역 등은 멸종위기종의 보존과 복원에서 매우 중요한 기능을 수행한다. 아메리카 대륙에서는 과테말라의 페텐 지역에 있는 마야 생물권보전지역, 멕시코의 칼락물 지역 그리고 코스타리카의 라 아미스타드(La Amistad) 생물권보전지역 등이 중요한 멸종위기종 보존 및 생물다양성의 보고이다. 미국의 47개 생물권보전지역은 다양한 멸종위기종 복원 프로그

램이 가능케 한 공간역으로 자리 잡았는데, 골든게이트(Golden Gate) 생물권보전지역, 남애팔래치아(Southern Appalachian) 생물권보전지역이 대표적이다.

독일의 엘베강(Elbe River)과 체코의 팔라바(Palava)는 대표적인 유럽의 생물권보전지역으로 알려져 있다. 철새의 다양성 유지 및 육상무척추동물의 보고인 이들 지역은 장기 모니터링, 취약종과 멸종위기종에 관한 보전과 각종 조치에 대한 정보를 가장 많이 만들어내는 지역으로 유명하다. 스페인 남부 시에라네바다(Sierra Nevada)산맥의 경우, 관다발식물상의 보고인 동시에 희귀종과 멸종위기종의 서식지로서 유명한 보전지역이다. 이 지역에는 116개 분류군이 가장 제한적으로 분포하고 있으며 멸종위기에 놓여 있는 것으로 보고된 바 있다.

우리나라의 보호지역지정과 정책

우리나라는 1960년대 이후 급격한 인구의 증가와 도시화가 진전됨에 따라 주택, 공장, 휴양시설, 공공시설의 설치를 위한 용지수요의 증가로 인하여 농경지와 산림 등에서 녹지면적이 급격히 감소했다. 뿐만 아니라 단기적이고 무분별한 개발 중심적인 토지이용으로 갯벌, 철새도래지 등 귀중한 자연자산을 잃게 되어 생물서식공간의 축소 및 서식지 훼손과 자연생태계의 단절이 이루어지고 있다.

우리나라는 향후에도 지속적인 국토개발에 따른 도시용지의 증가로 녹지면적 감소, 생태계의 훼손과 단절과 자연경관 훼손, 생물다양성 감소, 그리고 해양과 갯벌의 감소가 이어질 것으로 전망된다. 반면 자연환경 훼손의 심각성에 대한 인식 제고로 계획적인 국토개발을 전제한 친환경적 국토이용관리 수요와 정부의 적극적인 관련대책 추진이 예상되는 등, 난개발에 따른 자연환경의 피해 우려는 감소될 전망이다.

우리나라는 경관이 우수하고 생물다양성이 풍부한 지역 등을 보전하기 위하여 법으로 보호지역을 지정하고 있다. 2009년 기준 생태·경관보전지역 30개소(283.99km^2), 습지보호지역 20개소(279.64km^2), 특정도서 158개소(10.125km^2), 야생동·식물특별보호구역 1개소(26.2km^2), 야생동·식물보호구역 507개소(931.6km^2), 자연공원 76개소(7,805.3km^2) 등이 보호지역으로 지정·관리되고 있다. 이외에도 천연기념물보호구역, 명승지(문화재청), 산림유전자원보호림(산림청) 등 각각의 보호가치 및 지정 목적에 따라 주관 부처에서 직접 보호지역을 지정관리하고 있다. 이러한 정책의 근간을 이루는 법령이 환경정책기본법과 자연환경보전법이다.

표 4 | 우리나라 보호구역 지정현황, 규모 및 근거법과 관리의 주체

구분	개소수	면적(km^2)	관계법령	지정(관리)기관	비고
국립공원	20	6,580	자연공원법	환경부(국립공원관리공단)	예외: 한라산(제주시)
도립공원	29	990.8	자연공원법	지방자치단체	
군립공원	27	234.5	자연공원법	지방자치단체	
생태·경관 보전지역	30	283.99	자연환경보전법	환경부, 국토해양부, 시도지사	환경부 10개소, 국토해양부 4개소, 시도지사18개소

구분	개소	면적(km²)	관련법	관리부처	비고
해양보호구역	4	70.373	해양생태계의 보전 및 관리에 관한 법률	국토해양부	2006년 법제정 (기존생태경관보전지역)
습지보호지역	20	279.64	습지보전법	환경부, 국토해양부	환경부 12개소(107.109), 국토해양부 8개소(172.868) 단위필요
특정 도서	158	10.125	독도 등 도서지역의 생태계보전에 관한 특별법	환경부	
환경보전해역	4	1,882	해양오염방지법	국토해양부	특별관리해역: 해양환경기준의 유지 곤란
야생동·식물 보호구역	507	931.6	야생동·식물보호법	환경부, 시도지사	
야생동·식물 특별보호구역	1	26.20			
천연기념물*	149	841.3	문화재보호법	문화재청	
천연보호구역	10	390			
명승	51	95.05			
백두대간 보호지역	1	2,634	백두대간보호에 관한법률	산림청 (환경부협의)	7개 국립공원(1,269km² 포함) (핵심1,699/완충 935)
산림유전자원 보호림	286	1,011.5	산림자원의 조성 및 관리에 관한 법률	산림청장, 시도지사, 지방산림관리청장	
보안림		3,233.63			토사방비보안림 17km², 비사·해안방비보안림 8.9km², 수원함양보안림 2,924km², 어촌림 37km², 경관림 246km²
	1,297	19,494.71			

* 천연기념물 중 서식지, 도래지, 자생지 등 면적 개념으로 지정된 지역으로 천연보호지역을 제외한 수치 (국가생물다양성 전략 및 이행계획, 2009)

국외 멸종위기종 복원프로그램과 우리의 노력

미국에서는 어류야생동물관리국(USFWS; US Fish and Wildlife Service)과 해양어류청 등에서 멸종위기 동물에 관하여 보전연구 및 관리업무를 수행하고 있다. 다양한 프로그램을 통해 1900년대 초반에 멸종위기로 분류되었던 많은 야생동물을 복원하여 멸종의 위협으로부터 벗어나게 한 성공사례가 다수 생겨났다. 트럼펫고니(Trumpeter Swan)의 경우, 1900년대 초에 73개체였으나 2000년 중반 1만 개체 이상으로 회복되었으며, 들소는 1900년대 초에 1천 개체 이하로 감소하였으나 지속적인 보호활동 및 복원 노력으로 2000년 초 7만 5천 개체 이상으로 회복되었다. 이외에도 해달, 프롱혼 영양, 야생 칠면조, 엘크, 아메리카흑곰, 검은발담비, 물수리, 흰머리독수리, 갈색펠리칸, 북방점박이올빼미, 캘리포니아콘도르, 캐나다기러기, 미국흰두루미, 매, 회색늑대 등은 성공적인 야생동물 복원사례의 주인공들이다. 이들 종의 복원은 어류야생동물관리국의 관할구역에서 주로 이루어지며 그 지역은 총 9개 지역으로 되어 있으나 실질적인 생태복원이나 이행계획은 1~8지역에서 수행된다.

영국에서는 지난 10년간 멸종위기에 처한 종이 약 2배로 증가하였다. 영국 '생물다양성 이행계획'에 의하면 1,150종의 고유종과 65곳의 생물서식지가 적극적인 보호를 요하는 상황에 이르렀다고 평가하고 있다. 1997년에 설정된 1차 이행계획에서는 멸종위기종이 577종이었음을 고려할 때 이는 심각한 상태라 할 수 있다. 그러나 이러한 가운데서도 영국은 다양한 복원계획의 시행으로 123종이 멸종위기종 목

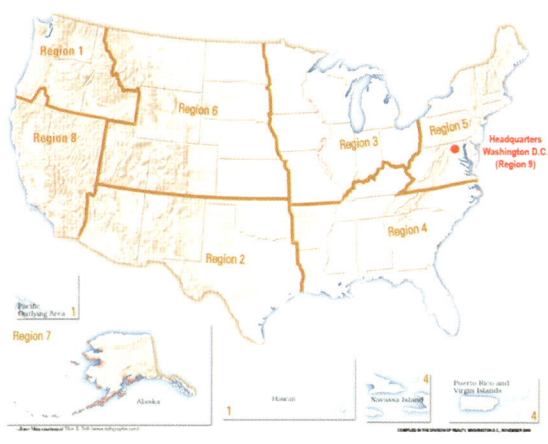

그림 10 | 복원 및 보전프로그램의 시행을 위한 지역설정 및 USFWS 관할지역(USFWS Office of External Affairs, 2009)

록에서 제외되는 성과를 이루었다. 대표적인 사례가 아도니스 청나비, 박쥐 그리고 무당벌레거미 복원프로그램이다.

스페인의 경우, 불곰에 대한 복원사업이 북부 산악지역(Cantabrian mountains)에서 시행된 바 있다. 1992년 이 지역에 서식하던 갈색곰 개체군이 불법적인 사냥과 서식지 감소로 두 개의 소규모 개체군으로 파편화되어 개체군 유지가 매우 어려워지자 1993년에 스페인 정부는 이 종을 보호종으로 지정하였고 4년 후인 1997년 멸종위기종으로 상향 조정하였다. 복원계획의 최종목표는 두 개 지역으로 파편화된 개체군이 충분한 자생력을 지닌 하나의 개체군으로 회복되는 데 두고 있으며, 이 목표를 이루기 위한 7가지 부문별 목적을 세우고 총 14가지 이

행수단을 설정하여 복원을 추진하고 있다. 이 계획도 다른 계획과 마찬가지로 생물학적 복원방식과 제도적·사회적 수단의 병행을 강조하고 있다. 불법사냥을 방지하는 것을 최우선순위로 두고 있으며, 보호를 위한 계몽과 공공교육을 포함하여 서식지 보전과 증식 외의 다양한 수단을 포함하고 있다.

프랑스의 경우에도 불곰의 복원을 위한 노력을 펼치고 있다. 불법적 사냥으로 절멸의 위기에 처한 이들 개체군을 위해 스페인과의 국경지대인 피레네산맥 일부지역에 1996~1997년에 루메니아로부터 들여온 불곰 세 마리(암컷 2, 수컷 1)를 이용한 증식을 통해 방사를 실시, 2003년 피레네산맥 전역에 13~15마리가 세 지역에 분산되어 서식하는 성과를 거두었다.

유럽연합(EU) 차원에서는 보다 큰 규모에서의 복원사업이 진행되는데 주로 식물종의 서식지 보전을 통한 현지복원을 추진하고 있다. 키프로스를 중심으로 지중해 식물에 대한 보전사업은 멸종위기종에 대한 복원계획을 함께 이행하고 있다. 이 복원사업은 고유종에 대한 서식지 보전을 통해 이루어지므로 동물종과 같은 도입의 방법은 철저히 배제되어 있다. 현지 내 보전을 통한 복원의 중요한 예라 할 수 있다. 현재 유럽의 다양한 멸종위기 식물종은 1997년 결성된 유럽식물원 컨소시움이 주도하는 '유럽식물원프로그램'에 의한 현지 내·외 보전과 복원작업의 대상이다. 현재 유럽지역에 분포하는 모든 멸종위기종과 희귀종의 30%에 해당하는 종들은 한 곳 또는 복수의 식물원에서 보전되고 있다. 그러나 열악한 환경과 제한된 유전자풀 그리고 충분히 연구되지 못하는 등의 문제점이 있어 이를 해결하기 위한 방법으로 이 프로그램을 시행하고 있는 것이다. 유럽식물원프로그램은 국제식물원보전기구와 식물원국제연맹이 공동주관하여 운영한다. 이들은 재도입, 배아보전 및 단백질종자 관리 등을 통해 멸종위기종의 복원에 주력하고 있다.

아시아지역에서는 중국, 일본, 대만 그리고 인도네시

그림 11 | *Arabis kennedyae*: 키프로스의 보전사업에 의해 현지 내 복원이 추진 중인 다양한 멸종위기종의 일부.
(www.naturemuseum.org.cy)

아 등에서 멸종위기종 복원사업이 진행되고 있다. 중국은 따오기를 복원하는 데 국가적인 투자를 계속하고 있다. 1981년 싼씨성에서 일곱 마리의 야생 따오기를 발견한 후, 그 지역을 '특별보호구역'으로 지정, 보호하는 한편 그중 일부를 포획하여 복원에 착수하였다. 이후 따오기증식센터를 세워 본격적인 인공증식에 성공하였으며, 서식지의 적극적인 보호를 통해 개체군의 규모를 46마리로 높이는 데 성공하였다. 또한 중국은 흑룡강성에 있는 동북호림원을 중심으로 호랑이의 보전적 복원을 시행하고 있다. 본래 호림원은 호랑이의 약재사용을 위해 건립되었으나 현재는 보전적 기능에 중점을 두고 유전자풀을 강화하는 데 주력하고 있다. 이밖에도 중국은 1980년부터 1995년까지 지속적으로 수행한 팬더곰 복원사업을 통해 멸종위기에 처했던 팬더곰의 개체수를 1,200마리로 늘리는 성과를 이루어내기도 하였다.

일본은 산양, 흰기러기 및 알바트로스에 대해 적극적인 복원 노력을 집중해왔고, 보호증식사업을 통하여 이들의 개체수가 증가하는 성과를 얻고 있다. 이중 흰기러기는 러시아, 미국, 캐나다와 공동으로 참여하는 국제보전계획에 의해 복원을 실시하고 있으며, 알바트로스의 경우에는 연구 중심의 복원사업을 추진하고 있다. 번식과 생활사 연구를 통해 복원에 필요한 다양한 정보와 특성을 파악하고 있다. 일본에서 가장 대표적인 복원사업은 황새의 복원사업이라 할 수 있다. 황새의 인공증식 및 복원은 효고현 도요오카시를 중심으로 수행되었으며, 현재 그 개체수의 규모는 100여 마리로 증가된 것으로 알려져 있다. 중국과 러시아에서 개체를 도입, 14개 장소에서 분산되어 인공증식이 진행되었으며 이들을 자연으로 방사하기 위한 프로젝트를 수행하고 있는데, 2005년에 암컷 3개체와 수컷 2개체 등 총 5개체가 자연으로 방사되는 성과를 이루어내었다.

우리나라의 경우, 환경부 차세대사업의 일환으로 일련의 복원관련 연구가 시행되어왔으나 대부분 종수준에서의 복원기술의 개발에 집중되어왔다. 이는 멸종위기종 복원을 위한 국내의 수준이 아직 초보적인 인식단계임을 나타낸다 할 수 있다. 제도적으로 미진한 점은 논의과정을 거쳐 개선하고 체계를 마련하는 것은 정부의 몫이며, 이는 장기적인 안목을 지니고 긴 호흡으로 실천하고 추진해야 할 과학기술적 대책

표 5 | 환경부 차세대과제로 수행된 멸종위기종 복원 관련 연구사업

구분	연구과제명	기간
식물	멸종위기 수생식물자원 확보와 대량증식 및 보전기술 개발	'06 ~ '09
	멸종위기종인 광릉요강꽃과 털복주머니란의 증식 · 복원 및 서식지보전 기술 개발	'07 ~ '08
	멸종위기종인 섬시호의 종보전생물학적 연구	'06 ~ '08
	멸종위기종인 풍란의 자생지 내외 보전과 지역사회 협력모델 개발	'03 ~ '06
	희귀자생식물의 훼손방지대책	'04 ~ '07
	희귀 · 멸종위기 식물의 증식, 복원 및 보존원 조성기술 개발에 관한 연구	'02 ~ '05
무척추동물 및 어류	멸종위기종 곤충류의 대량증식 기술개발 (왕사슴벌레(Dorcus hopei), 붉은점모시나비(Parnassius bremeri))	'01 ~ '04
	습지보전 깃대종으로서 멸종위기동물인 물장군과 꼬마잠자리의 보존, 복원 및 증식 기술 개발	'06 ~ '09
	해적생물, 불가사리 퇴치를 위한 나팔고둥(Charonia sauliae)의 종보전 및 증식기법 개발	'02 ~ '05
	환경부 지정 멸종위기종(게류)의 증식 · 복원을 위한 연구	'06 ~ '09
	천연기념물 어름치와 다슬기류의 인위적 자원조성 및 생물, 유전자 다양성 모니터링에 의한 하천 생태계 이용 및 관리	'03 ~ '06
	긴꼬리투구새우의 인공증식 · 복원기법 개발	'06 ~ '09
	보호종 산호자원의 대량증식 및 생태계 복원 기술 개발	'02 ~ '05
	멸종위기어류 미호종개의 유전자다양성 분석, 인공증식 및 생태계 복원 기술 개발	'06 ~ '09
	멸종위기에 처한 한국특산어류의 종보존과 복원 및 증식기술 개발	'02 ~ '05
양서 · 파충류	IUCN 멸종위기종인 금개구리의 증식 및 복원 기술개발	'06 ~ '09
포유류	멸종위기종인 사향노루의 서식지 관리 및 인공증식기술 개발	'04 ~ '07
	토종여우(Vulpes vulpes)의 인공증식 및 자연생태계 복원기술 개발	'06 ~ '09

표 6 | 국립생물자원관이 진행중인 생물다양성 정보 확보 현황(2008)

분류군	소장 표본(점)	정보 구축	
		건 수(건)	종 수(종)
합 계	1,586,172	468,528	9,273(미동정 제외)
척추동물	15,556	10,559	734
무척추동물	950,985	62,871	1,507
곤충	349,397	171,406	1,266
고등식물	184,358	141,016	2,336
하등식물	85,876	82,676	3,430
기타(미동정)	-	-	12,953

이다. 이를 위해서는 멸종위기종 복원을 위한 다음 단계를 제대로 실행할 수 있는 제도적인 개선방향에 대한 연구도 수행될 필요가 있다. 무엇보다도 가장 심각한 사항은 이러한 프로그램의 개발과 연구수행에 요구되는 전문인력을 찾아보기 어렵다는 것이다. 복원프로그램의 개발에 참여가능한 대학과 연구소의 생태 및 분류전문가 풀이 급속히 감소하고 있는 것은 매우 우려스러운 일이다. 전문가가 충분하지 못한 현재의 국내 사정에서 볼 때, 우리에게 시급히 요구되고 새로운 분야로 발전시켜야 할 복원 및 보전생물학 분야의 미래가 그리 밝지 못한 것이 현실이다. 생물종의 복원과 생물다양성의 확보를 위해서는 외국의 복원프로그램에서 보듯이 다양한 이해당사자간의 상호협력과 장기적인 발전계획이 중요하다. 그 가운데서도 전문인력과 인재양성은 가장 핵심적인 사항이라 할 것이다.

그러나 다행스럽게도 생물다양성에 대한 정보화는 꾸준히 추진되어

표 7 | 국내 부처별 주요 생물다양성 정보관리기관 현황

기관명	주요 내용
국가생물자원 정보관리센터 (교육과학기술부)	• 국가생명자원정보시스템(KOBIS) 구축(173개 연계기관, 정보 558만 건) • 생명 정보, 생물다양성 정보, 생물자원 정보의 종합적인 연계 • 국내외 생명자원 정보 수집, 가공, 분석, 통계 및 유통
국립중앙과학관 (교육과학기술부)	• 국가생물다양성통합정보시스템(NARIS) 운영(표본정보 117만 건) • 국내 생물다양성 정보에 대한 수집·보전·관리 주도 • GBIF 한국사무국, 국가생물다양성기관연합 운영
한국과학기술 정보연구원 (교육과학기술부)	• 생물다양성정보네트워크(NABIPOS) 운영 • IT 기반의 생명자원 정보 인프라 구축 • GBIF 국가 노드 및 아시아 미러사이트 역할 수행
국립산림과학원 (농림수산식품부)	• 국가 산림생태계 정보 • 산림생태계 구분체계 및 유형별 분포 • 귀화식물분포도, 산림보호지역, 산림유전자원 보전·관리
국립수목원 (농림수산식품부)	• 국가생물종지식정보시스템(Nature) 운영(식물표본 정보 56만 건, 곤충표본 정보 37만 건) • 국가표준식물목록, 희귀식물, 귀화식물, 재배식물 등 각종 식물자원 및 곤충자원 정보에 관한 포털사이트 구축
국립농업과학원 (농림수산식품부)	• 한국곤충자원정보시스템(INREKO) 운영(곤충 1,500종 정보 9천 건) • 곤충자원에 대한 수집·탐색·정보 구축
국립생물자원관 (환경부)	• 국가 생물자원 관리시스템(NBRMS) 운영(자생생물 47만 건 구축) • 한반도 고유·자생생물 표본 및 기타 생물자원·유전자원 탐색·확보·소장 • 해외 유용 생물자원 확보 및 국내 기록종(3만 종)에 대한 확증표본 확보 • 고유종(2,322종), 자생생물종(법정관리종 포함)에 대한 정보 DB 구축 • 생물다양성협약 CHM 통합 네트워크 구축·운영
국립환경과학원 (환경부)	• 국가생태계정보네트워크 구축 및 운영 • 전국 자연환경 조사 및 자연환경 GIS-DB 구축 • 생물다양성 및 생태계 조사·연구 및 정보 DB 구축 • 한국의 외래식물 종합검색 시스템 구축·운영
한국해양연구원 (국토해양부)	• 한국해양생물다양성정보시스템(KoMBIS) 운영(총 9,800여 종의 생물명) • 한국해양생물지리정보시스템(KOBIS) 구축 중 • 유전자 분석을 위한 수산유용생물종 보존 • 해양환경(갯벌 등 습지)의 생태조사

가시적인 성과를 얻고 있다. 환경부 산하 국립생물자원관은 소장하고 있는 자생생물 표본 158만 점에 대한 생물다양성 정보를 '국가 생물자원 관리시스템'에 등록을 시작하여 46만여 건의 자료를 정보화하였다. 다른 산하기관인 국립환경과학원은 국가생태계정보네트워크 구축 및 운영을 하고 있으며 전국 자연환경 조사 및 자연환경 GIS-DB 구축 사업도 시행하고 있다.

2008년까지 교육과학기술부는 1만 8천 종, 116만 건의 생물다양성 정보를 확보하고 국내외 서비스 중이며, 농림수산식품부 및 국토해양부도 생물다양성 정보화사업을 수행하고 있다. 그러나 이 사업내용들의 일부는 중복성을 지니고 있어 생물자원관리의 효율성을 높이기 위해 이를 재정비할 필요가 있을 것으로 보인다.

| 개인이 보전활동을 위해 이해해야 할 사항—아는 것만큼 더 보전한다 |

우리의 삶꼴에서 찾고 이해하는 기초적 생태원리

쉬운 듯하나 어려운 것이 우리 주위에 적지 않다. 좋은 벗 얻기가 그러하고 빼어난 사진 찍기가 그러하다. 방법은 알고 있으나 기회가 적어서 또는 실제로 적용하는 것이 쉽지 않아서 그러한 경우다. 아마도 학문 중에는 생태학이 그러한 듯하다. 최근 들어 거의 모든 사람이 '생태'라는 용어를 쉽게 사용하지만 깔끔한 정의를 내리는 것이 그리 쉽지 않다. 생태(生態)를 우리말로 풀면 삶의 모양 또는 형태이다. 순수한 우리말로는 '삶꼴'이 될 듯하다.

그러므로 생태적 원리는 우리의 생활 속에서 그리고 일상적인 삶에서 찾아지기도 한다. 서두에 생물다양성의 보전은 그 문제점(감소원인)을 알면 대책을 수립할 수 있다고 언급한 바 있다. 물론 그러하다. 그러나 대책을 수립하는 데는 생태적 원리에 기초한 방법론을 찾아 적용하여야 한다.

이를 위해서는 첫째, 생물다양성이 왜 중요한지, 이것이 생태계와는 어떤 상관성이 있는지를 명확히 이해하여야 한다. 일반적으로 생물다양성이 높으면 그 생태계는 안정성이 높은 경향을 나타낸다. 안정성이 높은 생태계는 지속가능성이 높다는 것을 의미한다. 우리의 생활에서도 다양한 구성원들로 이루어진 집단이 더욱 창의적이고 다양한 의견을 도출하여 그 집단의 경쟁력을 높이는 것과 같은 이치라 할 수 있다. 개인적으로도 그러하다. 다양한 경험을 가진 사람은 경험이 부족한 사람에 비하여 신뢰할 수 있는 정도가 높다. 기초가 넓고 충실해야 튼튼한 집을 지을 수 있듯이 아주 작은 생물체에서부터 큰 생물종까지 다양한 종이 존재하는 곳은 건강한 생물다양성을 이룰 수 있는 것이다. 다양한 생물종이 존재한다는 것, 생물다양성이 높다는 것은 그 생태계가 건강하고 지속가능성이 높다는 것을 의미한다는 점을 이해하여야 한다.

둘째, 동일한 넓이의 서식지라도 균일하지 않고 이질성이 높은 서식지가 보다 높은 생물다양성을 나타낸다는 점을 인지하여야 한다. 우리 주변에 있는 하천이 그러하다. 동일한 규모의 하천일지라도 직강화되고 제방이 높게 쌓여 있는 하천은 구부러지고 홍수터를 지닌 하천보다 생물다양성이 현저히 떨어진다. 즉, 생태적으로 건강하지 못한 동시에 지속가능성이 낮다는 것을 의미한다. 도시하천이 자연하천보다 생물다양성이 떨어지는 것은 수질이 나빠서라기 보다는 서식지의 물리적인 환경이 다양하지 못하기 때문이다. 이러한 하천에는 아무리 좋은 수질의 물을 공급해도 생물다양성이 단순해질 수밖에 없다. 이는 마치 검은 도화지와 흰 도화지에 색감을 나타낼 수 있는 색연필의 다양성이라는 말로 설명될 수 있다.

셋째, 구분되는 두 개의 생태계나 서식지가 연결되는 곳, 즉 생태추이대(Ecotone)는 생물다양성 보전에 매우 중요한 기능을 한다는 점을 기억해야 한다. 이는 마치 축구에서 공격과 수비를 연결해주는 미드필드와 같은 공간역이라 할 수 있다. 즉, 기능이 다른 두 집단(공간역)을 이어줌으로써 서식지의 연결성을 높이는 동시에 이질성을 더하는 기능을 수행한다. 따라서 이곳에는 보다 많은 생물다양성과 높은 개체수를 보이게 되는데 이를 가장자리 효과(edge effect)라 한다. 넓은 시야로 공수를 조절하는 미드필더와 같이 주변의 생태계를 보다 넓은 시각으로 살펴보고 중요한 생태추이대를 파악할 수 있는 기초적인 실력을 배양하는 것도 생물다양성을 보전하는 중요한 개인 차원의 실천적 노력이다.

이외에도 너무나도 많은 기초적인 생태원리가 우리의 일상생활 속에 녹아 있다. 기본적인 생태적 원리를 스스로 찾고 이를 이해하려는 노력과 자세야말로 가장 중요한 보전전략이고 대책이다. 이러한 기초를 공고히 함으로써 보전의 정도를 향상시킬 수 있다.

자연과 생물종에 대한 경제적 가치산정—허와 실

최근 들어 개발과 환경보전이 갈등을 일으키는 사례가 늘어나면서 자연의 기능이나 가치를 재화(금전적 가치)로 산출하려는 노력이 시도되고 있다. 예를 들어 습지의 가치가 얼마인가 혹은 갯벌 생물다양성의 가치가 얼마로 산출되었다라는 기사를 접하곤 한다. 이렇듯 생물다양성이나 생태적 가치를 재화로 계산하려는 시도가 최근 들어 유럽연합을 중심으로 시도되고 있다. 비용-편익분석에 있어 생태적 서비스를 재화로서 반영함으로써 생태적 손실이나 생물다양성의 감소를 개발의 영향으로 반영하려는 노력은 바람직하다고 할 수 있다. 또한 이러한 방법을 통하여 제한적이나마 개발에 따른 손실과 이득을 비교해보려는 것은 일련의 갈등해결을 위한 긍정적 노력의 하나로 볼 수 있을 것이다.

그러나 이러한 분석방법의 근원적인 문제는 생태계가 우리에게 주는 혜택이나 서비스 그리고 생물다양성이 지닌 중요성에 대한 객관적인 평가기준이 없다는 것이다. 즉, 생물다양성과 생태계로부터 얻는 대부분의 공공재화와 서비스에 대한 시장이 없기 때문에, 그 비용과 편익은 종종 매우 주관적으로 산정되는 것이 문제다. 또한 이러한 자원을 유지하고 보존하기 위한 민간의 재투자는 거의 없거나 아예 없으며, 오염자는 다른 이들의 손실에 대해 비용을 지불하지 않는 것이 현실이다. 아울러 미래세대를 위한 종보존에서 얻는 이익은 전 세계적인 일이지만, 그에 드는 비용은 지역적이고 보상받지 못하는 일이기 때문에 이 비용은 계산되지 않는다. 무엇보다도 생태계로부터 얻는 이익이나 손실로부터 오는 비용에 대한 경제적 평가능력은 정보의 부족으로 매우 제한되어 있다는 것이 이 분석에 있어서의 가장 치명적인 한계점이다. 생물다양성과 생태적 기능에 대한 평가는 가능할 수 있으나 아직 우리가 인지하지 못한 또 다른 이익과 평가 불가능한 질적인 요소가 존재하기 때문에 이러한 평가는 본질적으로 논리적 모순을 지닌다.

이와 같이 경제적 가치로서 생물다양성을 평가하는 것은 매우 제한적이고 주관적인 가정에 기초하고 있음을 인지해야 한다. 이는 생명보험을 통해 우리가 사망 시 지급받는 보험금과 유사한 개념이다. 사망하여 지급받은 액수가 사망한 사람의 금전적 가치를 의미하는 것이 아닌 것과 같은 이치다. 지구상의 모든 생명체는 재화로 설명될 수 없는 고유한 존재가치를 지니고 있으며, 이들로부터 형성되는 생물다양성의 가치는 무한하다. 실제로 돈으로 살 수 없는 것을 화폐가치로 환산하고자 하는 것은 논리적으로 모순이다. 생물다양성을 포함한 자연에 대해 경제적 가치를 논하는 것은 단순히 경제학적 관점에서의 가치 추정일 뿐임을 이해해야 한다. 자연과 생물은 경제적 가치 외에도 생태적·잠재자원적 가치를 근원적으로 지니고 있고 이는 대체 불가능하다.

지속가능한 환경윤리관의 정립―항상 더 많은 것이 존재하는 것은 아니다

생물다양성 보전대책을 실천하기에 앞서 우리는 서로 동상이몽적인 환경가치관을 지니고 있는 것은 아닌지 우선 반문해보아야 한다. 지금까지 전 지구적 차원에서 인류가 지닌 환경관은 인간 중심의 개발을 위한 것이었으며, 이는 자연을 인간과는 별개의 것인 동시에 정복의 대상으로서 그리고 무한한 자원을 제공하는 공급자로 보는 관점이다. 늘 더 많은 것이 존재한다는 개념을 기반으로 하는 이 환경관은 급격한 인구증가에 따른 자연환경 파괴를 정당화하는 도구로서 활용되어 왔고 이에 따른 피해는 고스란히 인류의 몫으로 다가왔다.

지금 새롭게 정립해야 할 환경관은 생물다양성을 보전하고 생태계의 건전성을 유지하며 현재와 미래의 인류가 모두 만족할 수 있는 자연환경을 준비할 수 있는 것이어야 한다. 즉, 인간은 자연의 일부분이며 또한 이를 정복할 만큼 우월하지 않고, 지구는 한정된 자원을 지닌 하나의 닫힌계(closed system)라는 인식으로부터 출발하는 새로운 환경윤리관의 정립이 필요하다. 인류는 현재 지속가능한 세계를 만들기 위해 노력한다고 하지만 현재 우리의 행태는 그러한 세계를 이룰 수 있는 조건과 상당한 거리감이 있다. 생물·물리적인 현황과 사회·경제적 조건을 포함하는 가장 근본적인 환경 문제는 기술적으로 해결할 수 없는 한계를 지니고 있음을 인정하고 동상이몽적 가치관을 과감히 버림으로써 공통의 가치관, 즉 지속가능한 환경관을 개개인이 정립해야 할 때이다.

지속가능한 윤리관의 주된 두 가지 개념은 '항상 더 많은 것이 존재하는 것은 아니다'라는 것과 '지구상의 모든 생명체는 동등한 평등권을 지니고 있다'는 것에 기초한다. 인간이 진정으로 다른 생물종보다

우월하다면 이기적 유전자의 본질을 뛰어넘어 지구 내 생존하는 모든 생물과 공존하고자 하는 노력과 우리 강산의 고유한 자연성을 최대한 보전하고자 하는 자세를 보여야 한다. 사고의 올바른 전환은 고통과 함께 불편함을 대가로 요구할 수도 있으나 항상 긍정적인 결과, 즉 생물다양성 보전이라는 최고의 결실을 수반하기 때문이다.

부록

보호지역
– 생물다양성 보전을 위한 곳

김은영 (유네스코한국위원회 과학팀 차장)

생물다양성의 피난처라 할 수 있는 보호지역은 생물다양성을 보전하는 효과적인 방법이다. 보호지역은 생물다양성이 뛰어난 곳으로 이를 유지하기 위해 특별히 관리하고 있는 숲, 산, 습지, 초원, 사막, 호수, 강, 산호초, 해양 모두를 아우른다. 보호지역은 생물다양성 보전뿐만 아니라 휴양과 관광을 위한 장소이며 유역을 보호하는 기능도 한다. 지속가능한 임업과 사냥, 낚시가 가능하며, 과학연구와 환경교육까지 다양하면서도 모순되지 않은 방법으로 이용하고 관리하는 곳이다.

보호지역에서 제공하는 생태계서비스는 지역사회의 빈곤을 줄이고 경제적인 발전을 이루는 데 도움을 주며, 더 나아가 긴장과 갈등이 있는 곳에 평화를 촉진하기도 한다. 전세계의 10만 8천 곳이 넘는 보호지역은 각 지역공동체의 생계와 경제활동의 근간이 되며, 11억 명의 사람들이 산림보호지역에 생계를 의존해서 살아가고 있다.

특별한 곳, 보호지역

생물다양성협약에서는 보호지역을 '특별한 보전목적을 이루기 위해서 지정, 규제하고 관리하는 지리적으로 정해진 곳'으로 정의한다. 세계자연보전연맹은 '법이나 그 밖의 효과적인 방법으로 자연 및 그와 연계된 생태계서비스, 문화적 가치를 장기적으로 보전하도록 인정받고, 구별되고, 관리되는 명확히 정해진 지리적 공간'을 보호지역이라 한다.

우리나라의 보호지역은 국토의 11.2%를 차지한다. 우리나라에서 대표적인 보호지역은 국립공원이다. 1967년 지리산을 시작으로 다도해, 경주까지 우리나라를 대표하는 자연생태계와 자연 및 문화경관 20곳이 국립공원으로 지정되어 보전, 관리되고 있다. 가장 최근에 지정된 곳은 1988년 변산반도국립공원이다. 국립공원은 우리나라 국토면적의 6.6%에 이른다. 1990년대까지는 개발과 보전, 이용에 혼란이 있었으나 현재는 지역주민의 참여와 협력을 통해 지역사회에 혜택을 주고 생태관광 등 건전한 이용을 촉진하고 있다.

국가를 넘어서 세계적으로 인정받는 보호지역들도 있다. 세계유산, 람사르습지, 생물권보전지역을 들 수 있다. 이중 세계유산과 생물권보전지역은 유네스코가 해당국의 신청을 받아 지정한다.

자연과 문화를 이어주는 세계유산

유네스코 활동 중 가장 널리 알려진 세계유산제도는 '탁월한 보편적 가치'를 지닌 인류 공동의 유산이 있어서 세계적으로 보호하고 후손에게 물려주어야 한다는 공감대에서 시작되었다. 세계유산은 1972년에 채택된 '세계 문화 및 자연유산 보호를 위한 협약'에 따라 유산목록에 등재하고 그 이후에도 정기보고를 통해 보호상태를 정기적으로 엄격히 관리한다. 열 가지 세계유산 등재기준 중 기준 7~10이 자연유산에 해당되며, 이 중 두 가지가 생물다양성과 관련되어 있다. 기준 9는 생태학적·생물학적 주요 진행과정을 보여주는 대표적인 사례, 기준 10은 생물다양성 보전을 위해 중요한 지역에 해당한다. 그 외에 경관 및 미적 가치(기준 7), 지질학적 중요성(기준 8) 등이 자연유산 등재기준이다. 이 기준 이외에 세계유산은 유산의 가치를 충분히 보여줄 수 있도록 완전성을 갖추어야 한다.

세계유산은 매년 세계유산위원회에서 등재되기 때문에 그 수가 해마다 늘고 있으며, 2010년 말 전세계 151개국에 911곳이 등재되어 세계적으로 가치를 인정받은 곳이 무려 1천 곳 가까이 된다. 이중 자연유산은 180곳, 복합유산은 27곳이다. 자연유산과 복합유산이 차지하는 면적은 유럽의 절반이나 된다. 세계유산은 세계의 생물다양성 집중지역을 포괄하고 있어 생물다양성 보전에 큰 역할을 한다.

세계유산의 또 다른 특징은 전통적으로 분리되어온 자연과 문화유산을 연계하여 보호한다는 점이다. 1992년에 문화경관 개념이 도입되었으며, 사람과 생태계가 교류한 결과로 만들어지는 문화경관은 문화와 정체성을 빚어내고 문화다양성과 생물다양성 모두를 풍부하게 하는 곳을 뜻한다.

호주의 울루루 카타추타 국립공원은 경관이 빼어나고 지형학적 변화과정의 뛰어난 사례일 뿐만 아니라 인간이 어떻게 수천 년 동안 척박하고 적대적인 외부 환경에 성공적으로 적응해왔는가를 보여주는 우수한 사례로 주목받고 있다. 문화경관이 세계유산에 도입되면서 유산지역이 고립된 섬이 아니라 엄격한 자연보호구를 뛰어넘어 생태계나 문화적 연결성과 연관되어 이해해야 한다는 인식이 커졌다. 이는 보호지역에 대한 발상의 전환에까지 영향을 미쳐 유산보존 전반에 변화를 가져오게 되었다.

우리나라에는 세계자연유산이 제주 화산섬과 용암동굴 한 곳이 등재되었다. 세계유산 등재 이전까지는 우리나라에서 제일 높은 한라산의 생태 및 생물다양성 가치에만 주목해왔는데 세계유산 등재 이후로 제주도 화산의 지질학적 가치가 널리 알려지고 지역 주민들에게도 자신의 고장에 대한 자부심을 일깨우는 계기가 되었다.

지속가능발전의 학습장, 생물권보전지역

세계유산이 인류의 소중한 자산을 후세에 물려주기 위해 보호하는 데 중점을 둔다면, 유네스코 생물권보전지역은 생물다양성을 보전하는

ⓒ 제주특별자치도

그림 1 | 용암이 만든 동굴이 종유석과 어우러져 보기 드문 경관을 보여주는 당처물 굴. '제주도 화산섬과 용암동굴'은 방패형 화산, 수중분출 화산, 용암동굴 등 화산의 다양한 모습을 보여주어 보전가치가 뛰어난 곳으로 평가받았다.

것에서 더 나아가 자연자원의 지속가능한 이용과 조화에 목적이 있다. 생물권보전지역은 각 나라의 신청을 받아 매년 유네스코 정부간 과학사업 중 하나인 MAB(인간과생물권계획) 이사회에서 국제적으로 승인한다. 대상은 육상, 연안 또는 해양생태계이다. 국가가 정한 법적인 보호지역뿐만 아니라 그 인근의 다양한 경관을 포함하여 통합적으로 관리하도록 장려하기 때문에 생물권보전지역은 사람과 자연이 어우러진 특별한 곳이라 불린다.

보전은 종종 자연지역을 인간이 살아가는 세상과 차단하는 '마개 닫

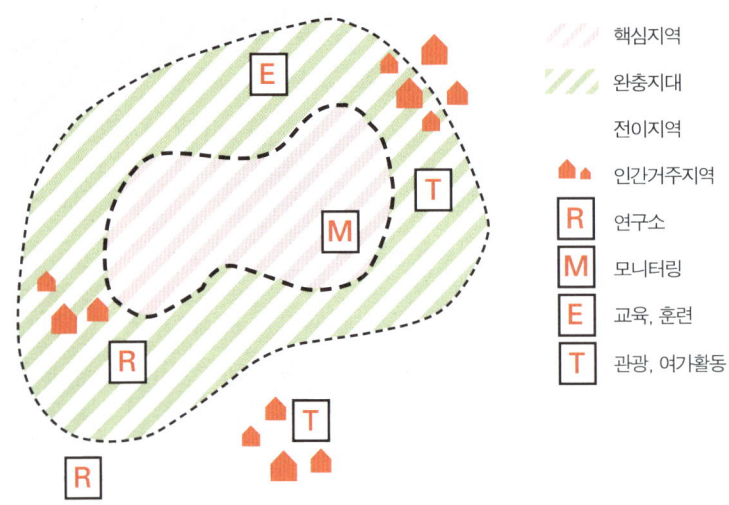

그림 2 | 생물권보전지역의 구획. 생물권보전지역의 서로 다른 세 가지 기능을 실현하기 위해 생물권보전지역은 용도별로 구획을 나누어서 관리한다.

힌 병'으로 여겨져 왔다. 이런 정책은 보호지역 안팎의 생태적·사회적 압력으로 인해 결국 보호지역을 파괴할 수도 있다. 모든 보호지역의 정책이 바뀌어야 하는 건 아니지만, 보전이 장기적으로 성공하려면 보호지역을 개방하고 주변의 넓은 지역과 교류하게 하며 지역개발의 중심인 지역주민이 참여하게 할 필요가 있다. 생물권보전지역은 이런 개념을 실행시키기 위해 고안되었다.

생물권보전지역은 이런 목적을 이루기 위해 세 가지 용도구획으로 구성된다. 우선 하나 또는 그 이상의 핵심지역이 있어야 하며, 이곳은 생물다양성 보전을 위해 엄격히 보호되는 곳으로 간섭을 최소화한 생태계 모니터링과 연구가 이루어진다. 완충지대는 핵심지역을 둘러싸거나 인접한 지역으로 건전한 생태적 관행과 조화를 이루는 협력활동에 이용된다. 이곳에서는 환경교육, 휴양, 생태관광, 기초 및 응용 연구 등을 권장한다. 융통성 있는 전이지역은 다양한 농업활동, 주거지 및 그 외 용도로 이용되며, 자원을 함께 관리하고 지속가능한 방식으로 개발하기 위해 지역사회, 관리당국, 학자, 비정부단체, 문화단체, 경제적 이해집단들이 함께 일하는 곳이다. 전이지역은 생물권보전지역을 다른 보호지역과 구별해주는 요소이며, 지역주민이 참여하여 보호지역을 관리하고 생물다양성을 보호하며, 지속가능한 이용을 추구하도록 지원하는 장소가 되었다.

세계유산과 마찬가지로 생물권보전지역은 해양과 육상 모두를 아우르고 있어 통합적인 보전관리에 도움이 된다. 우리나라는 육상과 해양을 각각 다른 부처가 담당하고 있으나 생물권보전지역을 통해 통합적인 접근이 가능하다.

생물권보전지역은 생물다양성 보전과 문화다양성을 연계하는 특징을 지닌다. 지역의 전통적인 삶의 방식을 활용하여 생물다양성 보전에 활용하는 대표적인 사례가 자연성지이다. 보호지역의 법이 엄격하다고 하여 보호가 제대로 되는 것은 아니다. 지역주민들의 지지를 받지 못한 경우 특히 저개발국 핵심지역 안에서 종종 불법 벌목과 밀렵이 이루어지곤 했다. 법적 보호의 대안으로 유네스코는 지역주민의 자발성에 주목하였다. 지역주민들이 신성시하는 자연성지를 보호지역으로 지정하고, 완충지역에 지역주민, 특히 여성의 경제활동을 돕기 위한

그림 3 | 주민들이 참여하여 만든 그로세스 발저탈 생물권보전지역 로고와 파트너십 업체 표시

유실수 심기 등의 활동을 벌여 생물다양성 보전과 이용을 조화시켜왔다. 문화적인 요소는 시간이 흐름에 따라 변하기 마련인데 보호지역으로 지정함으로써 그 특성을 잃지 않도록 도와주어 문화다양성 보전에도 기여하는 효과를 얻었다.

21세기 들어서 생물권보전지역은 지속가능발전의 학습장으로 자리매김하고 있다. 2010년 말 기준으로 세계 네트워크에 109개국 564곳이 참여하고 있으며, 많은 나라에서 생물권보전지역을 생물다양성 보전뿐만 아니라 낙후한 농촌지역 활성화 방안으로 활용하고 있다.

2000년에 지정된 오스트리아 그로세스 발저탈은 지역사회의 불안한 경제·사회·생태적 미래를 해결하는 데 생물권보전지역을 적극 활용하였다. 지역주민들과 함께 환경교육을 실시하고, 지역산물 라벨링, 파트너 업체와 협력 등 활동을 추진하였고, 유네스코가 주는 제1회 생물권보전지역 관리자 상을 수상하였다.

그로세스 발저탈이 생물권보전지역을 추진하면서 참고한 곳이 독일 뢴이다. 뢴은 통일 이전의 동·서독 접경지역으로 세 개 연방 주에 걸쳐 있으며, 세 개 주의 모든 이해관계자들이 관리에 참여하고 있다. 이농과 고령화로 많은 초지가 버려지고 지역사회가 쇠락해가자 생물권보전지역 지정을 계기로 지역의 경관가치를 높이는 것을 타개책으로 택하였다. 혁신적이고 친환경적인 상품을 개발하고 일자리를 창출하여 생물권보전지역 목표에 기여한 사업체를 인정해주는 '생물권보전지역 사업 파트너십'에 농장, 음식점, 호텔, 식료품점, 공예품점, 여행사 등 다양한 업체가 참여하고 있다.

그림 4 | 뢴 생물권보전지역의 친환경 상품임을 알려주는 표시

이 지역에서도 특산품 개발을 통해 경제적 발전에 기여했다. 특히 멸종위기에 처했던 토종양과 사과 품종을 개발하고, 관광지로 육성하여 소득과 초원 생태계 보전을 동시에 달성하였다. 뢴 양, 뢴 사과, 뢴 양모가공 사업을 비롯해서 농촌여성 창업 지원, 경관 가이드 훈련 등 이와 연계한 다양한 활동을 추구하여 모범사례로 꼽힌다.

우리나라에도 네 곳의 생물권보전지역이 있다. 1982년에 지정된 설악산은 국립공원 경계와 거의 일치하며 보전과 연구 중심으로 활동해 왔다. 20년 후인 2002년 지정된 제주도는 한라산과 서귀포해양공원을 포함하며 뛰어난 생물다양성을 보여준다. 해녀 등 제주도만의 독특한 문화적 요소도 많이 지니고 있어 활용 잠재력이 높은 곳이다.

2009년 지정된 신안 다도해는 다도해국립공원 일부와 염전, 갯벌로 이뤄져 있으며, 철새의 이동통로로서 중요한 곳에 위치해 있다. 이곳은 섬으로만 이루어져 있어 접근성이 떨어져 낙후된 곳으로 여겨져왔으나 오히려 천일염 생산과 맨손어업 등 친환경적으로 자연을 이용하는 삶의 모습이 남아 있어 문화를 통한 생물다양성 보전을 실행할 수

ⓒ 고경남

그림 5 | 신안 다도해 생물권보전지역에는 천일염을 생산하는 넓은 염전이 있다. 자연환경과 인간활동의 조화를 보여주는 사례로 문화다양성 보전에 생물다양성 보전이 중요함을 알 수 있다.

있는 곳으로 주목받고 있다.

가장 최근인 2010년에 지정된 광릉숲은 세조의 능인 광릉과 소리봉, 죽엽산 일대에 해당하며, 능림으로 조성된 낙엽활엽수림이 500년 이상 보존되어 생태계 천이를 보여주는 대표적인 곳이다. 또한 사람들이 거주하는 곳이 전이지역에 포함되어 우수한 자연환경의 혜택을 지역에 사는 주민들이 누릴 수 있는 방안을 모색하고 있다.

생물권보전지역이 추구하는 바가 지속가능한 발전이어서 생물다양성 보전뿐만 아니라 이용, 지역주민의 삶과 조화를 추구하는 많은 지자체 및 기관에서 생물권보전지역에 관심을 가지고 있다. 특히 국제적으로 인정받았다는 것도 큰 매력이다. 비무장지대(DMZ)를 비롯하여 국내의 우수한 생태계를 보전하면서 지속가능하게 활용하기 위해 여러 기관에서 생물권보전지역 추진을 검토하고 있다.

세계유산과 생물권보전지역 모두 접경보호제도로서도 역할을 한다. 인위적으로 정해진 국경과 달리 생태계는 국경을 넘어 이어진다. 국경으로 갈라진 산과 강 등을 통합적으로 관리할 수 있는 기반을 세계유산과 생물권보전지역이 제공한다. 분쟁이나 갈등이 있는 곳에서 협력의 수단이 되기도 한다. 그러나 관리기구 운영 등의 문제로 인접한 보호지역이 모두 접경보호지역으로 운영되지는 않는다. 북한과 중국 국경에 있는 백두산은 각각 생물권보전지역으로 지정되어 있다.

| 보호대상이 뚜렷한 람사르습지 |

마지막으로 람사르습지가 있다. 람사르습지는 1971년 이란의 람사에서 채택된 '물새서식지로서 특히 국제적으로 중요한 습지에 관한 협약'에 따라 지정된 곳이다. 이 협약은 흔히 람사르협약이라 불리며, 보전에 관한 협약 중 가장 오래된 협약이다. 세계유산, 생물권보전지역과 달리 람사르협약은 습지만을 대상으로 한다. 람사르협약에 따르면 자연 또는 인공이든, 영구적 또는 일시적이든, 정수 또는 유수든, 담수·기수 혹은 염수든, 간조시 수심 6m를 넘지 않는 곳을 포함하는

늪, 습원, 이탄지, 물이 있는 지역 모두를 습지로 정의한다. 람사르협약 당사국은 최소 한 개 이상의 습지를 지정하여 람사르습지로 등록해야 하며, 습지의 보전과 현명한 이용을 촉진하기 위한 계획을 수립하고 이행해야 한다. 2010년 말 세계적으로 1,896곳이 람사르습지로 등록되었으며 면적은 1억 8,500ha에 달한다. 우리나라는 1997년 101번째로 이 협약에 가입하여 같은 해 대암산 용늪을 시작으로 우포늪, 고창·부안갯벌까지 14곳, 14,298ha를 등록하였다.

 람사르습지 선정기준은 세 가지 범주가 있다. 첫 번째는 지역의 생물지리학적 특성을 잘 나타내고 있는 자연에 가까운 상태의 습지로 주요 하천이나 유역으로 수문학·생물학·생태학적으로 중요한 역할을 하는 곳이다. 두 번째는 멸종위험에 처한 희귀종이 서식하는 습지로 유전적·생태적 다양성을 유지하는 데 특별한 가치가 있는 곳이다. 마지막으로 2만 마리 이상의 물새가 정기적으로 서식하는 습지로 물새의 종 또는 아종이 전세계 개체수의 1% 이상이 정기적으로 서식하는 특별한 곳이다. 강화매화마름 군락지, 물장오리 오름 등은 희귀 동·식물이 서식하는 습지이며, 순천만·보성갯벌과 서천갯벌 등은 흑두루미, 물떼새 등이 서식하는 곳이다.

 습지는 홍수조절, 해안선의 안정화 및 폭풍방지, 영양분과 먹이 공급, 기후조절, 수질정화, 생물서식지로서 생물다양성 유지, 어패류 및 땔감과 사료 생산, 관광지, 문화적 가치 등 다양한 기능을 지니고 있다. 숨겨져 있던 습지의 다양한 가치를 알게 되면서 습지보호 노력이 활발해지고 있으며, 서식지로서 생물다양성 보전에도 기여하고 있다.

우리의 참여로 보호지역 확장을

국제사회는 2010년 10월, 나고야 생물다양성협약 당사국총회에서 생물다양성을 지키기 위해 2020년까지 실행할 전략목표인 '아이치 타깃'을 채택하였다. 보호지역 확대도 주요목표에 포함되었다. 전략목표에서는 숲을 포함한 자연서식지의 손실을 절반 이하로 줄이며, 보호지역을 육지와 내륙 수역의 17%까지, 해양 및 연안지역은 10%까지 확대하기로 합의했다. 현재 육지의 보호지역은 12.5%, 바다는 1% 미만이다. 국내에서도 보호지역을 확대하려고 하지만 지역주민의 동의하지 않아 추진되지 못하는 경우도 많다. 1988년 이래로 국립공원으로 지정된 곳이 없는데, 더 이상 국립공원으로 지정할 만한 가치가 있는 곳이 없다는 뜻은 아니다. 지역주민이 보전에 동참하고, 그 혜택을 누릴 수 있을 때 보호지역으로 지정하는 의미가 있다. 보전이 발전과 대립되는 것은 아니라는 인식이 확산되고 생태계서비스에 대한 이해가 높아지고, 휴양과 여가 등 다양한 이용과 가치가 부각되면서 보호지역에 대한 시선도 바뀌고 있다.

    생물다양성은 생명이며, 우리의 삶이다. 생물다양성의 일원으로서 우리도 함께 살아가기 위해 보호지역을 확장하고 생물다양성을 보호해야 할 것이다.

생물다양성은
우리의 생명

1판 1쇄 펴냄 2010년 12월 31일
1판 5쇄 펴냄 2021년 1월 15일

기획 유네스코한국위원회
지은이 최재천 · 신현철 · 박상규 · 조도순 · 권오상 · 조경만 · 노태호

주간 김현숙 | 편집 변효현, 김주희
디자인 이현정, 전미혜
영업 백국현, 정강석 | 관리 오유나

펴낸곳 궁리출판 | 펴낸이 이갑수

등록 1999년 3월 29일 제300-2004-162호
주소 10881 경기도 파주시 회동길 325-12
전화 031-955-9818 | 팩스 031-955-9848
홈페이지 www.kungree.com
전자우편 kungree@kungree.com
페이스북 /kungreepress | 트위터 @kungreepress
인스타그램 /kungree_press

ⓒ 유네스코한국위원회, 2010.

ISBN 978-89-5820-205-9   03470

책값은 뒤표지에 있습니다.
파본은 구입하신 서점에서 바꾸어 드립니다.

이 책은 교육과학기술부와 한국과학창의재단의 지원을 받아 출판되었습니다.